beck'sche reihe

b'sr'

Lediglich elfmal seit der ersten Verleihung des naturwissenschaftlichen Nobelpreises im Jahre 1901 wurde die begehrte Wissenschaftstrophäe an Frauen vergeben. Diese Zahl spiegelt realistisch den nach wie vor geringen Anteil hochrangiger Naturwissenschaftlerinnen in Labors und Instituten wider. Ulla Fölsing porträtiert jene Frauen, die in ganz unterschiedlichen Disziplinen den Aufstieg in die Superelite geschafft haben, sowie weitere fünf Wissenschaftlerinnen – ebenso qualifiziert, die bei der Vergabe des Nobelpreises zugunsten ihrer männlichen Kollegen leer ausgingen. Die Autorin hat die Lebensgeschichten dieser 15 Frauen sorgfältig recherchiert, sie schildert die Schwierigkeiten in Studium und Beruf und beschreibt ihre wissenschaftlichen Leistungen. Damit ist das Buch ein wichtiger Beitrag zum Thema „Frauen und Wissenschaft", zeigt es doch deutlich, daß Wissenschaft auch eine Sache der Frauen ist.

Ulla Fölsing, Dr. rer. pol., studierte Volkswirtschaft, Soziologie und Politikwissenschaft. Sie war Wissenschaftliche Assistentin am Lehrstuhl für Soziologie der Universität Bonn, arbeitete im Pressereferat des Bundesministeriums für Bildung und Wissenschaft und ist heute freie Journalistin, vor allem für den Hörfunk, in Hamburg.

Ulla Fölsing

Nobel-Frauen

*Naturwissenschaftlerinnen
im Porträt*

Verlag C. H. Beck

Für Philipp und Albrecht

Die Deutsche Bibliothek – CIP-Einheitsaufnahme

Fölsing, Ulla:
Nobel-Frauen : Naturwissenschaftlerinnen im Porträt /
Ulla Fölsing. – Orig.-Ausg. – 4., erw. Aufl. – München :
Beck, 2001
  (Beck'sche Reihe ; 426)
ISBN 3 406 47581 7

Originalausgabe
ISBN 3 406 47581 7

Vierte, erweiterte Auflage. 2001
Umschlagentwurf: +malsy, Bremen
Fotos: Bildarchiv Süddeutscher Verlag, München
© Verlag C. H. Beck oHG, München 1990
Gesamtherstellung: Druckerei C. H. Beck, Nördlingen
Printed in Germany

www.beck.de

Inhalt

Vorwort 7
Die begehrteste Wissenschaftstrophäe 10
Nobelpreise – nur Männersache? 18

Elf Nobelpreise für zehn Frauen 26

Marie Curie:
Physik-Nobelpreis 1903 und Chemie-Nobelpreis 1911 29

Irène Joliot-Curie:
Chemie-Nobelpreis 1935 45

Gerty Theresa Cori:
Medizin-Nobelpreis 1947 56

Maria Göppert-Mayer:
Physik-Nobelpreis 1963 65

Dorothy Hodgkin-Crowfoot:
Chemie-Nobelpreis 1964 75

Rosalyn Yalow:
Medizin-Nobelpreis 1977 86

Barbara McClintock:
Medizin-Nobelpreis 1983 100

Rita Levi-Montalcini:
Medizin-Nobelpreis 1986 116

Gertrude Elion:
Medizin-Nobelpreis 1988 128

Christiane Nüsslein-Volhard:
Medizin-Nobelpreis 1995 137

Im Schatten von Nobelpreisträgern 148

Mileva Marić
(Albert Einstein: Physik-Nobelpreis 1921) 151

Lise Meitner
(Otto Hahn: Chemie-Nobelpreis 1945) 159

Chien-Shiung Wu
*(Tsung Dao Lee und Chen Ning Yang:
Physik-Nobelpreis 1957)* 170

Rosalind Franklin
*(Francis Crick, James Watson und Maurice Wilkins:
Medizin-Nobelpreis 1962)* 178

Jocelyn Bell Burnell
(Anthony Hewish: Physik-Nobelpreis 1974) 187

Hürden auf dem Weg nach Stockholm 198
Nobelpreisträgerin – ein bestimmter Typus Frau? 204
Wer ist die Nächste? 213

Anmerkungen 216
Literaturhinweise 229
Bildnachweis 230

Vorwort

Bei der alljährlichen Verleihung der naturwissenschaftlichen Nobelpreise in Stockholm hat es der schwedische König fast regelmäßig mit einer reinen Männerriege zu tun. Frauen treten allenfalls als Ehefrauen und damit nur als dekorative Zaungäste am Rande des Festaktes in Erscheinung. Nur selten schafft es ein weibliches Wesen in die Reihen der Preisträger.

Lediglich elfmal seit der Premiere der begehrten Wissenschaftstrophäe im Jahre 1901 wurden naturwissenschaftliche Nobel-Preise an Frauen verliehen: der *Physik-Nobelpreis* im Jahre 1903 an die in Frankreich lebende Polin *Marie Sklodowska-Curie* und im Jahre 1963 an die Deutsch-Amerikanerin Maria *Göppert-Mayer;* der *Chemie-Nobelpreis* im Jahre 1911 gleichfalls an *Marie Curie* und im Jahre 1935 dann an ihre Tochter *Irène Joliot-Curie* sowie 1964 an die Engländerin *Dorothy Hodgkin-Crowfoot;* der *Medizin-Nobelpreis* 1947 an die Deutsch-Amerikanerin *Gerty Theresa Cori*, 1977 an die Amerikanerin *Rosalyn Yalow*, 1983 ebenfalls an die Amerikanerin *Barbara Mc Clintock*, 1986 an die Italo-Amerikanerin *Rita Levi-Montalcini*, 1988 an die Amerikanerin *Gertrude Elion* und 1995 an die Deutsche *Christiane Nüsslein-Volhard*.

Elf naturwissenschaftliche Nobelpreise also für Frauen, genauer gesagt drei ganze, drei halbe, ein drittel und vier viertel Preise und das bei drei vollen Preisen im Jahr und insgesamt 100 Jahren der Vergabe bis heute, in deren Verlauf 469 Preisträger aus Physik, Chemie und Medizin nominiert wurden – eine wahrhaftig nicht üppige Bilanz für die Frauen in den Naturwissenschaften: Ihr zahlenmäßiger Part an den Nobelpreisen entspricht einem Anteil von gut zwei Prozent. Diese Zahl spiegelt allerdings realistisch den nach wie vor geringen Anteil hochrangiger Wissenschaftlerinnen in Labors und naturwissenschaftlichen Instituten wieder.

Mancher Forscher, der mit seiner wissenschaftlichen Arbeit entscheidend an bestimmten, später mit dem Nobelpreis honorierten Leistungen beteiligt war, blieb selbst ohne Würdigung. Dieses Schicksal traf auch Frauen. Prominente Beispiele sind *Lise Meitner, Chien-Shiung Wu, Rosalind Franklin* und *Jocelyn Bell Burnell*. Ins Gespräch gebracht wird neuerdings auch *Mileva Marić*.

Lise Meitner war engste Mitarbeiterin von Otto Hahn und spielte eine wichtige Rolle bei der Deutung der Kernspaltung. Doch sie ging leer aus, als Hahn 1945 mit dem Chemie-Nobelpreis des Jahres 1944 für die Entdeckung der Kernspaltung ausgezeichnet wurde.

Ähnlich bittere Erfahrungen machte die chinesische Physikerin Wu, die 1957 mit einem raffinierten Experiment höchst gewagte Spekulationen ihrer beiden männlichen Kollegen Tsung Dao Lee und Chen Ning Yang über subatomare Prozesse bei räumlicher Spiegelung bewies. Nur die beiden Männer wurden binnen Jahresfrist mit dem Physik-Nobelpreis belohnt.

Nicht minder betrüblich scheint der Fall der britischen Biochemikerin Rosalind Franklin. Sie ermittelte zusammen mit ihrem Kollegen Maurice Wilkins 1951 durch Röntgenstrukturanalyse die Daten, mit deren Hilfe Francis Crick und James Watson 1953 ein Modell für die räumliche Struktur der DNS-Moleküle entwickelten, die wesentlicher Bestandteil der Gene sind. Watson, Wilkins und Crick erhielten dafür 1962 zusammen den Medizin-Nobelpreis. Rosalind Franklin war zu diesem Zeitpunkt bereits tot, und posthume Ehrungen nimmt das Nobel-Komitee nicht vor.

Auch 1974 ist eine Wissenschaftlerin am Zustandekommen eines männlichen Nobelpreises entscheidend beteiligt gewesen: Ohne die Knochenarbeit der jungen englischen Radioastronomin Jocelyn Bell Burnell, die insgesamt sieben Pulsare fand, hätte ihr Forschungsdirektor Anthony Hewish kaum für seine entscheidende Rolle bei der Entdeckung dieser neuartigen Himmelskörper ausgezeichnet werden können.

Eher ein Kuriosum in diesem Zusammenhang scheint Mileva Marić, die erste Frau von Albert Einstein, mit der er in Zürich lebte und studierte. Ihr wollen Feministinnen neuerdings maßgeblichen Einfluß auf Einsteins Arbeiten zur theoretischen Physik einräumen, die ihm den Physik-Nobelpreis 1921 einbrachten.

Alles in allem scheinen Nobelpreise nach wie vor in erster Linie Männersache. Aus der Minderzahl der Frauen im erlauchten Kreis der Nobelpreisträger und der gelegentlichen weiblichen Handlangerrolle beim Zustandekommen von Nobelpreisen auf eine generelle Frauenfeindlichkeit von Naturwissenschaftlern im allgemeinen und Nobelpreiskomitees im besonderen zu schließen, ist dennoch sicher voreilig. Vielmehr scheint es an der Zeit, an Hand vergleichender Biographien der zehn bisherigen Nobelpreisträgerinnen, von denen allein sechs aus den USA kommen oder dort gearbeitet haben, die Bedingungen des Zustandekommens dieser speziellen Preise aufzuarbeiten und zugleich zu eruieren, warum es in anderen bekannt gewordenen Fällen ebenso qualifizierten Naturwissenschaftlerinnen bei der Vergabe von Nobelpreisen nicht gelungen ist, aus dem Schatten ihrer letztlich erfolgreicheren, männlichen Kollegen hervorzutreten. Dabei ist konkret darzustellen, welche Hürden besonders von weiblichen Wissenschaftlern auf dem Weg nach Stockholm überwunden werden müssen. Daraus ableiten läßt sich eine Antwort auf die Frage, ob eine Nominierung zum Nobelpreis einen bestimmten Phänotypus Frau als Naturwissenschaftlerin verlangt. Das wiederum erlaubt eine vorsichtige Annäherung an die spannende Frage, wer vielleicht als nächste Frau auf das Stockholmer Ruhmespodest gehoben wird.

Die begehrteste Wissenschaftstrophäe

Während die Wissenschaftlergemeinde in aller Welt zur festlichen Nobelpreis-Verleihung in Stockholm rüstet, sind die Juroren längst am Werk, die Preisträger für das folgende Jahr auszusuchen. Denn die geheime Prozedur der Nominierung der Nobelpreis-Kandidaten nimmt alljährlich rund zwölf Monate in Anspruch.

Entschieden wird dabei über die Vergabe der fünf klassischen Nobelpreise für Physik, Chemie, Medizin, Literatur und Frieden sowie über den seit 1968 verliehenen Preis für Wirtschaftswissenschaften. Zuständig für die Preise für Physik und Chemie ebenso wie für Wirtschaftswissenschaften ist die Königlich Schwedische Akademie der Wissenschaften, für den Preis für Physiologie und Medizin das Königlich Karolinische Medico-Chirurgische Institut. Der Preis für Literatur wird von der Schwedischen Akademie der Schönen Künste verliehen. Die Preisträger des Friedenspreises nominiert ein vom Norwegischen Parlament ausgewähltes Fünfergremium.[1]

Die Zahl verschwiegener Preisrichter, die über die Vergabe der Nobelpreise entscheidet, ist dabei größer, als man gemeinhin denkt: Allein in den Naturwissenschaften werden in jedem Jahr nicht weniger als dreitausend Experten aus aller Welt eingeladen, Kandidaten für ihr Fach vorzuschlagen. Die Königlich Schwedische Akademie der Wissenschaften und das Karolinische Institut bestimmen, welche Naturwissenschaftler um Rat gefragt werden sollen. Zur Wahl stehen den beiden Gremien: ihre eigenen Mitglieder, die Angehörigen der Nobel-Komitees für Physik, Chemie und Medizin, die Ordinarien für Physik, Chemie und Medizin an den skandinavischen Hochschulen sowie deren Kollegen an den Schwester-Fakultäten überall in der Welt.

Die praktische Arbeit bei der Nominierung der Kandidaten fällt den Nobel-Komitees zu. Jedes von ihnen bittet rund eintausend Fachleute formell um ihr Votum, die Mehrzahl davon Wissenschaftler aus dem Ausland. Deren Vorschläge laufen in Stockholm zusammen. Zwar antwortet nicht jeder von den angesprochenen Experten. Doch kommen bis zum Einsendeschluß am 31. Januar des folgenden Jahres einige hundert Vorschläge zusammen. Jede ernsthafte Empfehlung wird sorgfältig geprüft.

Aufgabe der Komitee-Sekretäre ist es dann, die Spreu vom Weizen zu scheiden. Das geht nicht ohne endlosen Papierkrieg und ohne lange Geheimsitzungen der Komitee-Mitglieder vonstatten. Am Ende des Sommers ist schließlich ein Dokument von rund 100 Seiten erstellt. In ihm sind die Namen der Kandidaten festgehalten, die in die engste Wahl gezogen wurden. Das Papier wird der Akademie der Wissenschaften und dem Karolinischen Institut zum endgültigen Placet vorgelegt. Mitte Oktober wird deren Entscheidung der Öffentlichkeit bekanntgegeben. Offiziell verliehen werden die Preise am 10. Dezember, dem Todestag Alfred Nobels.

Die perfekte Mauer der Verschwiegenheit, die die Nobelpreis-Nominierung bis zur Bekanntgabe der Preisträger umgibt, ist beabsichtigt und streng verteidigt: Die Preisrichter wollen damit jeglichem Druck und jedem Einfluß von außen aus dem Weg gehen. Zum Nimbus des Preises gehört im übrigen sein Überraschungseffekt: Kein Kandidat soll im vorhinein wissen, wenn er zum Nobelstar des Jahres auserkoren wird. Alle Laureaten spielen mit und tun bereitwillig so, als habe sie der Preis aus heiterem Himmel getroffen, wenn der ersehnte offizielle Anruf aus Stockholm kommt. Dabei wissen hochkarätige Wissenschaftler meist seit Jahren, wenn sie als Nobel-Kandidaten gehandelt werden, und erfahren in der Regel von Kollegen, sobald sich ihre Chancen verdichten.

Nöte bei der Preisvergabe haben die Nobelkomitees trotzdem zur Genüge – und das nicht nur in den Bereichen Frieden und Literatur, sondern auch in den wissenschaftlichen Sparten. Zwar einigt man sich über die nachweislichen Leistungen von Naturwissenschaftlern und Medizinern in der Regel eher als über die künstlerischen und ethischen Qualifikationen von Literatur-

und Friedenspreiskandidaten. Dennoch gibt es auch in den wissenschaftlichen Fächern für die Preisrichter zahlreiche Klippen.

Schuld daran sind nicht zuletzt die Auflagen, mit denen Alfred Nobel in seinem 1895 verfaßten Testament den Preisrichtern die Hände gebunden hat. So sollten nach dem Willen Nobels jährlich drei Fünftel der Zinsen aus seiner Stiftung solchen Forschern zugeteilt werden, „die im verflossenen Jahr der Menschheit den größten Nutzen geleistet haben, dadurch daß sie auf dem Gebiet der Physik, der Chemie und der Physiologie oder Medizin die wichtigste Entdeckung oder Verbesserung gemacht haben". Nobel wollte damit ausdrücklich jungen, um ihre Anerkennung ringenden Wissenschaftlern in den Steigbügel helfen.

In mehrfacher Hinsicht stolpern die Nobelkomitees alljährlich über diese Weisung: Zum ersten scheint der Typus des jungen, um seine Anerkennung kämpfenden, gleichwohl unzweifelhaft erfolgreichen Forschers eine äußerst rare Spezies, die kaum einmal auszumachen ist. Das Durchschnittsalter der Nobelpreisträger liegt denn auch seit der Premiere des Preises im Jahre 1901 praktisch unverändert bei zweiundsechzig Jahren, das der Damen unter ihnen immerhin nur bei gut sechsundfünfzig Jahren. Lediglich der Physik-Nobelpreis 1903 an die damals sechsunddreißigjährige Marie Curie ging an einen Wissenschaftler, wie er Alfred Nobel vermutlich vorgeschwebt hat, als er seinen Preis ausdrücklich jungen, um Anerkennung ringenden Forschern für eine im Vorjahr gemachte, wichtige Entdeckung zugeeignet hat. Nicht mehr allzu oft in den nächsten Jahrzehnten haben sich die Nobel-Komitees so getreu an Nobels Vermächtnis gehalten. Mehr und mehr wurde der Nobelpreis zum krönenden Abschluß einer Wissenschaftlerkarriere.

Kritiker sehen darin eine Perversion des Stiftungsgedankens von Alfred Nobel. Sie sagen: An die Belohnung von Greisen, die – über die Zeit ihres Schaffens längst hinaus geraten – weithin anerkannt und mit materiellen Mitteln zur Genüge ausgestattet sind, habe Alfred Nobel nie gedacht. Schuld an dieser Fehlentwicklung seien allein die Nobelkomitees, die keinen Mut zum Risiko hätten und niemals auf weniger bekannte, geschweige denn umstrittene Namen bei der Preisverteilung setzten.

Auch die zweite Direktive Nobels, die zeitliche Beschränkung der auszuzeichnenden wissenschaftlichen Leistung auf „das Jahr zuvor", konnten die Nobel-Komitees schon wegen des langwierigen Nominierungsprozesses nicht einhalten und sind bereits in den Statuten davon abgewichen. Dort steht geschrieben, daß die Leistungen nicht unbedingt „im Verlauf des vergangenen Jahres" vollbracht worden sein müssen, sondern auch ausgezeichnet werden können, sofern ihre Bedeutung erst im vergangenen Jahr sichtbar geworden ist.

In der Regel läßt sich über den Wert oder Unwert wissenschaftlicher Entdeckungen, technischer Erfindungen und medizinischer Verbesserungen erst nach geraumer Zeit abgewogen urteilen. Nur selten ist die Lage dabei so eindeutig, daß man den Terminvorstellungen Nobels nahekommen kann. Dies war 1987 der Fall, als Georg Bednorz und Alexander Müller nicht einmal zwei Jahre nach ihrer Arbeit über „warme Supraleiter" den Physik-Nobelpreis erhielten. Seit einem peinlichen Zwischenfall im Jahre 1926 üben sich die Nobel-Juroren sonst eher in einer Strategie der Vorsicht und des Abwartens. Damals wurde mit dem Nobelpreis für Medizin ein Aufsehen erregender Fehlgriff getan: Die zunächst als Sensation gewertete Theorie des dänischen Preisträgers Johannes Fibiger, daß sich aus den Stoffwechsel-Nebenprodukten von parasitären Würmern Krebs entwickele, erwies sich zum Entsetzen des Nobel-Komitees nicht lange danach als falsch.

Dieser sechzig Jahre alte Lapsus bestätigt die Nobelstiftung bis heute in einer Strategie der Vorsicht und des Abwartens. Aus Angst vor „falschen Heiligen" nimmt sie lieber in Kauf, daß Preise mit dreißig Jahren Verspätung kommen wie der Medizin-Nobelpreis 1983 der amerikanischen Biochemikerin Barbara McClintock für ihre revolutionäre Entdeckung veränderlicher genetischer Elemente im Mais. Die späte Ehrung honorierte eine wissenschaftliche Pionierleistung aus den fünfziger Jahren, deren Bedeutung erst mit dem Einsatz molekularbiologischer Techniken Anfang der siebziger Jahre erkannt wurde. Barbara McClintock war denn auch schon einundachtzig, als sie in Stockholm den Preis entgegennahm. Ähnlich erging es Gertrude Elion, die 1988 mit siebzig Jahren einen Preis für Entdeckungen erhielt, die ebenfalls dreißig Jahre zurückliegen.

Die Nobelstiftung scheint solches wenig zu stören: Schlimmstenfalls läßt sie sogar ihre Kandidaten wegsterben wie seinerzeit die an Krebs erkrankte britische Mikrobiologin Rosalind Franklin, wenn nicht eindeutig feststeht, daß Beiträge zum wissenschaftlichen Fortschritt späteren Entwicklungen standhalten. Rosalind Franklin wäre vermutlich an einem Nobelpreis beteiligt worden, wenn sie nicht schon zum Zeitpunkt der Vergabe vier Jahre tot gewesen wäre. Denn sie war entscheidend an der Aufklärung der DNS beteiligt, für die ihre Kollegen Francis Crick, James Watson und Maurice Wilkins den Medizin-Nobelpreis 1962 erhielten.

Im Falle von Crick, Watson und Wilkins dauerte es rund zehn Jahre, bis die Anerkennung aus Stockholm kam. Die Regelfrist von einer bedeutenden Entdeckung bis hin zu ihrer Kürung mit dem Nobelpreis ist bislang eine Zeitspanne von rund fünfzehn Jahren, eine arg lange Atempause.

Noch in einem dritten Punkt werden die Stockholmer Juroren Alfred Nobels Vermächtnis notgedrungen immer wieder untreu: So wie es von Anfang an praktisch unmöglich schien, junge Forscher auszuzeichnen und noch dazu für eine im Vorjahr vollbrachte Bravour-Leistung, so erwies es sich im Laufe der Zeit immer mehr als Unding, „Pioniere" für Ein-Mann-Erfolge zu belohnen, wie es dem Stiftungsbegründer eigentlich vorgeschwebt hatte. In den letzten Jahren jedenfalls sind die naturwissenschaftlichen Nobelpreise kaum mehr an Einzelpersonen verliehen worden. Meistens wurden sie an zwei oder drei Forscher aus einer Gruppe aufgeteilt. Denn angesichts zunehmender Kooperation gibt es alleinstehende Wissenschaftlerpersönlichkeiten in der Tat immer seltener. So kommt es vor, daß – wie im Falle des Physik-Nobelpreises 1968 – der Chef eines Experimentalteams, nämlich der Amerikaner Luis Alvarez, Preis und Preisgelder einstreicht, während die fünfzehn anderen am Experiment Beteiligten leerausgehen.

Handfeste Tücken bei der Vergabe des Nobelpreises liegen auch anderswo. Offenbar ist auch Nobels Auflage, der Preis solle nur solchen Persönlichkeiten zufallen, die im vergangenen Jahr „der Menschheit den größten Nutzen geleistet haben", eine heikle, schwer interpretierbare Formel. Manch eine Entdeckung nämlich, die zunächst nur von marginaler Bedeutung schien, hat mit der Zeit hervorragenden praktischen Wert gewonnen. Andererseits hat der Lauf der Geschichte nicht selten zunächst segensreiche Fortschritte der Wissenschaft nach und nach in Furcht und Schrecken verkehrt.

Das galt z.B. für den Medizin-Nobelpreis von 1948. Der Schweizer Paul Müller hatte ihn für die Entdeckung der hohen Wirksamkeit von DDT als Insektengift bekommen, weil dadurch die Ausrottung vieler, gefährlicher Krankheiten wie etwa der Malaria in den Bereich des Möglichen gerückt war. Zwei Jahrzehnte später wurde DDT als Ursache einer weltweiten Umweltkrise identifiziert und seine Verwendung bald darauf in den Industrieländern verboten. DDT darf heute nur noch in einigen Entwicklungsländern gemäß Sonderregelung für eine Übergangszeit benutzt werden.

Derartige Schwierigkeiten tun allerdings der Überzeugung des Nobel-Komitees keinen Abbruch, daß es sich dabei um eine einst sehr nützliche und damit nobelpreiswürdige Entdeckung gehandelt habe. In Stockholm verficht man auch weiterhin die Meinung, daß ein Nobel-Komitee gar nicht erst anfangen solle, bei einer Entdeckung mit möglichen Fehlentwicklungen zu rechnen: „Skrupel irgendwelcher Art lassen sich fast immer anmelden. Das würde die Nobelpreise insgesamt ad absurdum führen."[2]

Dennoch macht die zunehmend schwierigere Einlösung von Nobels Direktive „größtmöglicher Nutzen für die Menschheit" deutlich, daß die Nobelpreise tatsächlich irgendwo anachronistische Züge tragen: Gehen sie doch zurück auf eine Zeit mit anderen Prioritäten und Wertvorstellungen in der Wissenschaft, wie aus dem Testament von Alfred Nobel deutlich zu erkennen ist. Nobel selbst teilte offensichtlich den optimistischen Glauben des ausgehenden 19. Jahrhunderts, daß wissenschaftliche Forschung stets und immer ein Segen für die Menschheit bedeutet. Seine Preise hat er denn auch ausdrücklich für Leute bestimmt, die dem menschlichen Wohl dadurch dienen, daß sie etwas für und nicht gegen den technologischen Fortschritt tun.

Diese Verpflichtung ist in der zweiten Hälfte des 20. Jahrhunderts immer schwieriger einzulösen. In den neun Jahrzehnten seit Nobels Tod sind nämlich im Kielwasser des technischen und wissenschaftlichen Fortschritts Probleme aufgetaucht, an die der Stiftungsbegründer nicht im Traum gedacht hätte. Wie sollte er auch: Gab es doch zu seiner Zeit nur wenige mahnende Stimmen, die vor einer Ausuferung von Forschung und Technik warnten. Unkenrufe radikaler Utopisten wie z. B. des Engländers William Morris, der ein Umweltdebakel für die voll technisierte Welt prophezeite, wurden allenfalls belächelt. Anders der durchgängige Technik- und Wachstumspessimismus heute: An der Schwelle zur postindustriellen Gesellschaft schafft sich ein Element Raum, das nur noch schwer mit der herkömmlichen Philosophie der Nobelpreise in Einklang zu bringen ist.

Allerdings sind es großenteils Stimmen außerhalb der Wissenschaft, die nach dem Sinn der Nobelpreise in der zweiten Hälfte des 20. Jahrhunderts fragen. In der Wissenschaft selbst hat dieser Preis, der aus dem Vermögen finanziert wird, das Alfred Nobel durch seine Sprengstoff- und Rüstungsindustrie gewonnen hatte, seit nunmehr 100 Jahren sein unangefochtenes Renommé. Der Makel des „Dynamit-Geldes" wird dabei durch den Umstand wettgemacht, daß der Preis aus einem Land kommt, dessen politische Neutralität seit vielen Jahrzehnten unantastbar ist. Hinzukommt die Tatsache, daß die Schwedische Königliche Akademie der Wissenschaften in die Vergabe der Physik- und Chemie-Preise bzw. das Königliche Karolinische Medico-Chirurgische Institut in die Vergabe des Medizin-Preises einbezogen und die Königliche Familie selbst an der Verleihungszeremonie beteiligt ist, was dem Preis mit dem an sich schon so edlen Namen eine feierliche Würde gibt, die keine andere wissenschaftliche Auszeichnung besitzt. Der Umstand schließlich, daß die Meinungen international anerkannter Wissenschaftler alljährlich zur Auswahl der Kandidaten eingeholt werden, sichert stets aufs Neue die Aufmerksamkeit der wissenschaftlichen Welt für den jeweiligen Preis. Und auch die kaum sonst erreichte, bemerkenswerte Höhe des Preisgeldes scheint kein Schaden.

So ist der Nobelpreis unter Wissenschaftlern selbst nach wie vor das höchste Ziel und Symbol vortrefflicher Leistung in der Forschung, das Non-plus-ultra an wissenschaftlicher Ehrung, das endgültige Eintrittsticket in den Kreis des Hochadels der Gelehrsamkeit und das Emblem der Ultra-Elite an der Spitze der wissenschaftlichen Hierarchie mit dem höchsten Prestige in dieser Rangordnung.[3]

Zwar beschert ein Nobelpreis allein noch nicht die historische Unsterblichkeit für den betreffenden Wissenschaftler. Die ist abhängig von der dauerhaften Qualität seiner Forschungsarbeit. Doch bietet der Preis aus Stockholm in jedem Fall Vorrang unter den Zeitgenossen und begünstigt das weitere Forschen und auch andere Rollen in der Gesellschaft. So werden nicht wenige Nobelpreisträger über ihren Expertenstatus hinaus in späteren Jahren Mitglieder der „strategischen" Elite in ihrer Gesellschaft, jener Gruppe also, die die für das System bedeutenden Entscheidungen trifft. Der Nobelpreis verschafft also wissenschaftlichen, politischen und sozialen Einfluß und bietet Zugang zu den wichtigen Schalthebeln der Gesellschaft.[4] Kein Wunder, daß er nach wie vor begehrt ist!

Nobelpreise – nur Männersache?

Lediglich elfmal wurden seit dem Jahre 1901 Nobelpreise auf wissenschaftlichem Gebiet an Frauen verliehen:

Die berühmteste der Nobelpreis-Damen ist dabei ohne Zweifel *Marie Sklodowska-Curie,* die durch ihre Forschungen am Aufbau der modernen Physik entscheidend mitgewirkt hat. Für Jahrzehnte blieb sie sogar der einzige Wissenschaftler überhaupt, der den Nobelpreis gleich zweimal bekam. Keine andere Frau hat ihr das nachgemacht.

Marie Curies bewegtes Leben ist oftmals nacherzählt worden: Als Maria Sklodowska kam sie aus ihrer Heimatstadt Warschau zum Physik- und Mathematik-Studium nach Paris, wo sie nach dem glänzenden Abschluß ihres Studiums ihren älteren Kollegen Pierre Curie heiratete. Zusammen mit ihrem Mann untersuchte sie in den folgenden Jahren in mühevoller Arbeit und unter denkbar schlechten äußeren Bedingungen ein neues, faszinierendes Phänomen, das gerade von Henri Becquerel entdeckt worden war: die spontane Emission von ionisierender Strahlung durch Uran-Salze – die „Radioaktivität".

Der erste große Triumph ihrer Arbeit war die Entdeckung der Elemente Radium und Polonium, deren Radioaktivität die des Urans weit übertrifft. Für die Entdeckung der Radioaktivität wurde Marie Curie 1903 zusammen mit ihrem Mann Pierre Curie sowie Henri Becquerel mit dem Nobelpreis für Physik ausgezeichnet.

Pierre Curie, für den 1904 ein Lehrstuhl für Physik an der Sorbonne eingerichtet wurde, starb 1906 bei einem Unfall im Pariser Straßenverkehr. Als das Erziehungsministerium daraufhin für Marie Curie, deren Töchter gerade acht und zwei Jahre alt waren, eine großzügige Pension bewilligte, lehnte sie ab und verlangte, weiter arbeiten zu können. Es gelang ihr, den Physik-

Lehrstuhl ihres Mannes zu übernehmen, und sie war damit die erste Frau, die an der Pariser Universität lehrte. 1911 erhielt Marie Curie einen zweiten Nobelpreis, diesmal ganz allein den für Chemie und zwar für ihre Entdeckung der Elemente Radium und Polonium und für ihre Isolierung des Radiums.

Marie Curies älteste Tochter, *Irène Joliot-Curie,* wurde ebenfalls Kernphysikerin. Zusammen mit ihrem Mann Frédéric Joliot entdeckte sie 1933 die künstliche Radioaktivität und damit die Möglichkeit, von allen chemischen Elementen radioaktive Isotope herzustellen – eine Entdeckung, die weitreichende Folgen für Chemie und Medizin hatte. Auch Irène Joliot-Curie erhielt einen Nobelpreis für Chemie – zusammen mit ihrem Mann Frédéric Joliot im Jahre 1935.

Die zweite und bislang letzte Wissenschaftlerin nach Marie Curie, der ein Nobelpreis für Physik zuteil wurde, war im Jahre 1963 *Maria Göppert-Mayer.* Sie hatte 1930 bei dem deutschen Physiker Max Born in Göttingen, ebenfalls einem späteren Physik-Nobelpreisträger, promoviert und war kurz darauf mit ihrem amerikanischen Mann nach Baltimore gegangen. Zusammen mit Eugene P. Wigner und Hans D. Jensen erhielt sie den Nobelpreis für ihre Arbeiten über die Schalenstruktur des Atomkerns.

Der dritte und letzte Nobelpreis für Chemie ging 1964 an die britische Chemikerin *Dorothy Hodgkin-Crowfoot.* Das Nobel-Komitee vergab den Preis für ihre mit Röntgenstrahlen-Methoden durchgeführten Bestimmungen der Struktur von wichtigen biochemischen Substanzen, genauer gesagt für die Strukturaufklärung des Vitamins B12.

Sechs weitere weibliche Nobelpreise gab es im medizinischen Bereich: Den ersten erhielt 1947 die austro-amerikanische Biochemikerin *Gerty Theresa Cori* zusammen mit ihrem Mann Carl Ferdinand Cori sowie dem Argentinier Bernardo Alberto Houssay für ihre Erkenntnisse über den Kohlenhydratstoffwechsel und die Funktion der Enzyme im tierischen Gewebe, vor allem den Auf- und Abbau des Glykogens im Muskel. Den zweiten weiblichen Nobelpreis für Medizin bekam 1977 die Amerikanerin *Rosalyn Yalow*. Es war ein halber Preis, und die zweite Hälfte ging für andere Leistungen an die Amerikaner Roger Guillemin und Andrew Schally. Die Kernphysikerin Rosalyn Yalow erhielt den Preis für ihren Beitrag zur Entwicklung des Radioimmunoassay, einer Indikatormethode, die sie zusammen mit dem Arzt Solomon Berson am Veterans Administration Hospital in der Bronx zur Bestimmung der Peptidhormone entwickelt hatte. Diese Technik ist heute vorherrschend bei der Messung kleinster, anderweitig nicht erfaßbarer, biologisch aktiver Substanzen in unserem Körper.

Die dritte Nobel-Laureatin für Medizin und Physiologie war 1983 gleichfalls eine Amerikanerin, die Biochemikerin *Barbara McClintock*. Sie erhielt den Preis ungeteilt für ihre lange zurückliegende, bahnbrechende Entdeckung veränderlicher genetischer Elemente im Mais.

Der vierte Medizin-Nobelpreis ging 1986, also drei Jahre später, an die Italienerin und naturalisierte Amerikanerin *Rita Levi-Montalcini*. Sie bekam den Preis zusammen mit dem amerikanischen Biochemiker Stanley Cohen für ihre gemeinsame Entdeckung des Nervenwachstumsfaktors, die sie zwanzig Jahre zuvor an der Washington-Universität in St. Louis gemacht hatten – derselben Universität, an der Gerty Theresa Cori und ihr Mann Carl Ferdinand Cori gearbeitet hatten, als sie 1947 gleichfalls den Medizin-Nobelpreis erhielten.

Der fünfte Medizin-Nobelpreis wurde 1988, also nur zwei Jahre nach der Preisverleihung an Rita Levi-Montalcini, der Amerikanerin *Gertrude Elion* zusammen mit ihrem Kollegen George Hitchings für die Entdeckung bedeutender Prinzipien medikamentöser Behandlungen zuerkannt. Dieser Preis ging ausnahmsweise an zwei hochkarätige Industrie-Forscher.

Ein einziges Mal hat bislang eine deutsche Wissenschaftlerin einen wissenschaftlichen Nobelpreis errungen – und zwar die Tübinger Genforscherin Christiane Nüsslein-Volhard. Zusammen mit ihrem vormaligen amerikanischen Kollegen Eric F. Wieschaus, inzwischen Professor an der Princeton University, und dessen Landsmann Edward B. Lewis vom California

Institute of Technology in Pasadena wurde ihr im Herbst 1995 der Nobel-Preis für Physiologie und Medizin „für ihre Entdeckungen betreffend die genetische Kontrolle früher Embryonalentwicklung" verliehen. Christiane Nüsslein-Volhard ist die zehnte und bislang letzte Frau, die seit dem Beginn der Nobelpreis-Vergabe im Jahre 1901 die begehrte Wissenschaftstrophäe bekommen hat. Mit dem Nobel-Preis wurde sie für ihre Arbeiten zu Beginn der achtziger Jahren am Ei der Tau- oder Fruchtfliege ausgezeichnet.

Elf naturwissenschaftliche Nobelpreise für zehn Frauen – eine wahrhaft nicht üppige Bilanz! Die Biographien dieser Forscherinnen sind dennoch aufschlußreich für das Thema Frauen und Wissenschaft. Ebenso aufschlußreich sind aber die Lebensgeschichten derjenigen Wissenschaftlerinnen, die den Nobelpreis nicht bekamen, obwohl ihre Leistungen sie dazu berechtigt hätten. Auch ihr Lebensweg soll in diesem Buch aufgezeigt werden.

Die bekannteste, *Lise Meitner,* war zunächst Assistentin von Max Planck am Berliner Universitätsinstitut für Theoretische Physik und damit erste Universitätsassistentin in Preußen überhaupt; später war sie für viele Jahre die engste Mitarbeiterin von Otto Hahn am Berliner Kaiser-Wilhelm-Institut für Chemie.

Sie arbeitete vor allem über Alpha-, Beta- und Gamma-Strahlen, über das von ihr entdeckte Element Protaktinium, über die Zerfallsprodukte des Radiums und über die Bestrahlung von Uran. Sie spielte damit eine bedeutsame Rolle bei der Deutung der Kernspaltung – selbst Albert Einstein bezeichnete Lise Meitner einmal liebevoll als „unsere Madame Curie". Was allerdings den Nobelpreis anbelangt, so ging Frau Meitner im Gegensatz zu ihrem Kollegen Otto Hahn leer aus: Hahn erhielt 1944 den Chemie-Nobelpreis für die Entdeckung der Atomkernspaltung, und er kam offenbar trotz aller Wertschätzung für Lise Meitner auch nicht im entferntesten auf den Gedanken, die eine Hälfte seines Preises an seine verdiente Mitarbeiterin weiterzureichen.

Daß Männer nicht unbedingt Kavaliere sind, wenn es darum geht, einen Nobelpreis zu teilen, ist nichts Neues: Diese Erfahrung hat wohl am härtesten die chinesische Physikerin *Chien-Shiung Wu,* Professorin an der New Yorker Columbia Universität, getroffen. Sie hat 1956 mit einem raffinierten Experiment höchst gewagte Spekulationen ihrer beiden männlichen Kollegen Tsung Dao Lee und Chen Ning Yang über das Verhalten subatomarer Prozesse bei räumlicher Spiegelung bewiesen. Die beiden Männer wurden binnen Jahresfrist mit dem Nobelpreis belohnt. Frau Wu dagegen ging leer aus.

Wenn im Falle von Frau Wu vielleicht noch die überkommene Mißachtung der Experimental- gegenüber der Theoretischen Physik als Begründung herhalten mag – die gesellschaftliche Schutzbehauptung von der mangelnden weiblichen Disposition für die Naturwissenschaften läßt sich auf die chinesische Professorin sicher nicht anwenden. Genau so wenig auf die britische Biochemikerin *Rosalind Franklin,* die zusammen mit ihrem Kollegen Maurice Wilkins 1951 durch Röntgenstrukturanalyse am Londoner Kings College die Daten ermittelte, mit deren Hilfe Francis Crick und James Watson 1953 in Cambridge ein Modell für die räumliche Struktur der DNS-Moleküle entwickelten, die wesentlicher Bestandteil der Gene sind.

Watson, Wilkins und Crick erhielten 1962 zusammen den Nobelpreis für Physiologie und Medizin. Rosalind Franklins Rolle bei dieser bahnbrechenden Entdeckung war zu diesem Zeitpunkt schon fast vergessen. Und das nicht nur, weil die englische Biochemikerin vier Jahre zuvor im Alter von siebenunddreißig Jahren auf tragische Weise gestorben war und das Nobel-Komitee in Stockholm posthume Ehrungen nicht zu vergeben pflegt. Auch wenn Rosalind Franklin bis 1962 gelebt hätte, wäre es fraglich gewesen, ob man sie an dem Nobelpreis für Watson, Crick und Wilkins hätte partizipieren lassen. Dagegen sprechen nicht nur die Statuten der Nobel-Stiftung, die allenfalls die Teilung eines Nobelpreises in drei Teile erlauben. Auch der systematische Rufmord an Rosalind Franklins Forschungsleistung, dem sie in ihrer eigenen Branche ausgesetzt war, hätte sich vermutlich ungünstig ausgewirkt. Wie Rosalind Franklin von ihren Kollegen beurteilt wurde, verrät Watsons berühmtes Buch über „Die Doppel-Helix". Danach war die junge Wissenschaftlerin nichts als ein blaustrümpfiges, aufmüpfiges Aschenputtel im Forschungslabor von Maurice Wilkins. Die Biographie der Amerikanerin Anne Sayre[1] hat das chauvinistische Bild von Rosalind Franklin in den letzten Jahren ein wenig zu revidieren gesucht.

Auch 1974 ist eine Wissenschaftlerin am Zustandekommen eines Nobelpreises nicht ganz unbeteiligt gewesen: Ohne die Knochenarbeit der jungen englischen Radioastronomin *Jocelyn Bell Burnell* aus Cambridge, die Ende der sechziger Jahre die ersten vier Pulsare und später drei weitere dieser neuartigen Himmelskörper entdeckte, hätte ihr Forschungsdirektor Anthony Hewish kaum „für seine entscheidende Rolle in der Entdeckung der Pulsare" mit dem damaligen Nobelpreis für Physik ausgezeichnet werden können. Jocelyn Bell Burnell konzediert Hewish, daß er die Idee hatte und das Geld für das spezielle Radio-Teleskop beschaffte, das allein rasch wechselnde, blinkende Radio-Quellen nach Art der Pulsare orten konnte. Sie verschweigt allerdings nicht, daß sie selbst als Forschungsstudentin die eigentliche Arbeit an diesem Teleskop machte: Dreißig Meter Computer-Ausdrucke hat sie täglich ausgewertet, bis sie irgendwann auf die merkwürdigen, neuen Himmelskörper stieß. Im September 1978 verließ Frau Bell Cambridge – ihr Preis: der frisch erworbene Doktorhut!

Auch die Serbin *Mileva Marić,* Albert Einsteins erste Frau, mit der er in Zürich lebte und studierte, wird neuerdings als verhinderte Nobelpreisträgerin ins Gespräch gebracht. Ihr schreiben Feministinnen wie ihre Landsmännin, die Jugoslawin Desanka Trbuhović-Gjurić, inzwischen maßgeblichen Einfluß auf Einsteins Arbeiten zur theoretischen Physik zu, denen er den Physik-Nobelpreis 1921 verdankt.

Selbst wenn ein Physik-Nobelpreis im Falle der zweimal durchs Diplom gerasselten Physik-Studentin Mileva Marić eher absurd klingt – es stimmt sicher, daß einigen Frauen ihr Anteil an einem Nobelpreis vorenthalten wurde – zugunsten ihres Laborchefs oder mitarbeitender männlicher Fachkollegen. Vergleicht man damit die weiblichen Wissenschaftler, die an Nobelpreisen beteiligt wurden, so waren es zumindest in der Hälfte der Fälle Frauen mit einem ebenso erfolgreichen Ehemann in der gleichen Branche. Als Beispiel engster wissenschaftlicher Zusammenarbeit gelten die Arbeiten des Ehepaares Marie und Pierre Curie zur Radioaktivität, die zum Physik-Nobelpreis 1903 führten. Auch die Erkenntnis von Irène und Frédéric Joliot-Curie zur Synthese neuer radioaktiver Elemente, honoriert mit dem Chemie-Nobelpreis 1935, waren das Werk eines im Labor wie auch privat verbundenen Paares, ebenso die Forschungen von Gerty Theresa und Carl Ferdinand Cori zum Glykogenstoffwechsel, die den Medizin-Nobelpreis 1947 einbrachten. Die Arbeiten von Rosalyn Yalow und ihrem vor der Preisverleihung gestorbenen Partner Solomon Berson zu radioimmunologischen Methoden, für die es den Medizin-Nobelpreis 1977 gab, basierten gleichfalls zumindest auf langjähriger wissenschaftlicher Kooperation, ebenso die Erkenntnisse von Rita Levi-Montalcini und Stanley Cohen, die den Medizin-Nobelpreis 1986 einbrachten, und nicht minder die Entdeckungen von Gertrude Elion und George Hitchings, die zum Medizin-Nobelpreis 1988 führten.

Auch Christiane Nüsslein-Volhard, deutsche Medizin-Nobelpreisträgerin von 1995, hatte einen begabten Mitstreiter. Gemeinsam mit dem fünf Jahre jüngeren Eric Wieschaus, den sie 1975 bei ihrer Tätigkeit am Biozentrum in Basel kennen- und schätzen gelernt hatte, begann sie 1978 ihre erfolgreiche Drosophila-Forschung am Europäischen Laboratorium für Molekularbiologie in Heidelberg. Nach drei Jahren hatte das begabte Duo der staunenden Fachwelt gezeigt, wie sich aus der simplen Eizelle der Fruchtfliege die komplizierte Gestalt eines Tieres herausbildet.

Wenn überhaupt, so scheinen forschende Frauen nicht ungern an der Seite des eigenen Ehemannes oder zumindest eines wissenschaftlichen Partners auf das Stockholmer Ruhmespodest gehoben zu werden. Auch Marie Curie hat darunter gelitten, obwohl sie ihren zweiten Nobelpreis 1911, lange nach dem Tode ihres Mannes, ganz für sich allein und noch dazu in einer anderen Disziplin bekam. Lediglich Barbara McClintock und Dorothy Hodgkin-Crowfoot kamen ohne einen in der gleichen

Branche tätigen Wissenschaftler/Ehemann zu solchen Würden und mußten ihren Preis auch nicht mit anderen Fachkollegen teilen.

Daraus allerdings auf krassen Chauvinismus von Naturwissenschaftlern im allgemeinen und Nobelpreiskomitees im besonderen zu schließen, ist sicher voreilig. Eine Rolle spielt vermutlich, daß es in diesen Sparten nach wie vor nur wenig Frauen gibt, die die Voraussetzungen erfüllen, bis zu den höchsten Weihen der Wissenschaft vordringen zu können.

Zur Erklärung der Minderzahl von Frauen in Naturwissenschaft und Technik haben die Sozialwissenschaftler zahlreiche Gründe strapaziert. Ein modisches Argument ist gegenwärtig das angeblich fehlende Aggressionsverhalten der Frauen, der ihnen abgehende „Killer-Instinkt", der sie in dem männlichen Métier der Naturwissenschaften ins Hintertreffen geraten läßt. Um Macht zu erhalten und Einfluß zu gewinnen, tragen die Männer „Hahnenkämpfe" aus. Frauen verweigern sich solchen Riten und werden schon deshalb ausgegrenzt.

Daran mag etwas Wahres sein: So wurden in den letzten Jahren beispielsweise die naturwissenschaftlichen Nobelpreise zunehmend auf zwei oder drei Forscher aufgeteilt. Die wachsende Vergabe von Nobelpreisen an kollektive Entdeckungen bei gleichzeitiger Begrenzung der Anzahl der Ausgezeichneten auf höchstens drei Personen zwingt zur Individualisierung kollektiver Leistungen. Mehr denn je kommt es dabei auf das Durchsetzungsvermögen des Einzelnen gegenüber seiner Gruppe an. Die stärksten Ellenbogen pflegen in solchen Fällen meist nicht die Frauen zu haben, weshalb sie auch selten ein Stück vom Nobelpreis-Kuchen erhaschen. Hier hilft vielleicht das, wozu neulich eine gestandene deutsche Biologie-Professorin allen Jungforscherinnen riet: „Frech sein, fordern, drängen und auch mal Territorialverhalten zeigen."[3]

Elf Nobelpreise für zehn Frauen

Elf Nobelpreise für zehn Frauen gab es also in der bisherigen Geschichte der Naturwissenschaften, genauer gesagt: drei ganze, drei halbe, einen drittel und vier viertel Preise in den Fächern Physik, Chemie und Medizin und das im Verlauf von 100 Jahren, in denen insgesamt 469 Wissenschaftler als Nobel-Laureaten in Stockholm gefeiert wurden – der Anteil der als preiswürdig erachteten Frauen von etwas über zwei Prozent mutet bescheiden an! Die äußeren Gegebenheiten dieser zehn weiblichen Nobelpreise sind schnell skizziert: Das größte Kontingent mit insgesamt sechs aus elf Preisen stellt der Medizin-Nobelpreis (1947, 1977, 1983, 1986, 1988 und 1995) dar. Er machte dabei ohne Unterbrechung die letzt vergebenen sechs Preise aus. Das Dauerabonnement speziell für Amerikanerinnen hat 1995 eine Deutsche gebrochen. Von der Anzahl her folgen drei Zuerkennungen für den Chemie-Nobelpreis (1911, 1935 und 1964), der im Abstand von 24 Jahren allein zweimal an die Damen Curie ging. Der Physik-Nobelpreis wurde zweimal an Frauen (1903 und 1963) vergeben.

Die zeitlichen Abstände zwischen den Nobelpreisen an Frauen sind extrem unterschiedlich: Mal hat es vierundzwanzig Jahre bis zum nächsten Preis gedauert wie zwischen Marie Curie und Irène Joliot-Curie, mal nur ein einziges Jahr wie zwischen Maria Göppert-Mayer und Dorothy Hodgkin-Crowfoot. Wahrscheinlichkeitsregeln lassen sich da kaum aufstellen. Immerhin sieht es so aus, als habe die Häufigkeit weiblicher Nobelpreise in den letzten Jahren leicht zugenommen. Denn die ersten vier Nobelpreise gingen im Verlauf von immerhin 44 Jahren an die Preisträgerinnen (1903–1947), die folgenden sieben dagegen verteilten sich auf 32 Jahre (1963–1995).

Die weiblichen Nobelpreisträger waren beim Erhalt des Preises durchschnittlich 56 Jahre alt und damit sechs Jahre jünger als ihre männlichen Kollegen. Marie Curie hatte kurz vor ihrem ersten Preis gerade ihren 36. Geburtstag gefeiert und ist damit bis heute die jüngste Preisträgerin geblieben. Ihre Tochter Irène zählte allerdings auch erst 38 Jahre, als sie 1935 ihren Chemie-Preis bekam. Barbara McClintock mußte 81 Jahre werden, bis sie ihren Medizin-Preis erhielt, rund 30 Jahre nach ihrer bahnbrechenden Entdeckung der „jumping genes".

In der Nationalitätenfrage sieht es bei den weiblichen Nobelpreisträgern genau so aus wie bei den männlichen: Die Mehrzahl, nämlich sechs, sind Amerikanerinnen oder zumindest als solche naturalisiert und haben ihre preiswürdigen Leistungen in den USA erforscht (1947, 1963, 1977, 1983, 1986 und 1988). Stark vertreten ist auch Frankreich mit den drei Preisen der Damen Curie (1903, 1911 und 1935). Großbritannien und die Bundesrepublik Deutschland haben bisher eine einzige weibliche wissenschaftliche Nobelpreisträgerin.

Was den Familienstand anbetrifft, so scheinen die Nobelpreisträgerinnen die gängige These zu widerlegen, daß nur der Verzicht auf Mann und Kinder eine anspruchsvollere Karriere in den Naturwissenschaften erlaubt. Lediglich drei Nobelpreisträgerinnen, Barbara McClintock, Rita Levi-Montalcini und Gertrude Elion, blieben unverheiratet. Die anderen sieben hatten Ehemänner, übrigens ausnahmslos Fachkollegen oder doch zumindest Hochschullehrer aus anderen Sparten. Bis auf eine zogen alle verheirateten Nobelpreisträgerinnen Kinder groß – Dorothy Hodgkin drei, Marie Curie, Irène Joliot-Curie, Maria Göppert-Mayer und Rosalyn Yalow je zwei und Gerty Cori eins.

Ein Drittel der Nobelpreisträgerinnen war mit einem Nobel-Laureaten verheiratet: Marie Curie, Irène Joliot-Curie und Gerty Cori teilten sich mit ihren Ehemännern in einen gemeinsamen Preis. Auch die Physikerin Maria Göppert-Mayer arbeitete zeitweise mit ihrem Mann zusammen, erhielt ihren Nobelpreis aber dann für eine Untersuchung, die sie nicht mit Joseph Mayer zusammen durchgeführt hatte.

Ungeteilte, ganze Preise für Frauen gab es dreimal: zwei Chemie-Nobelpreise, 1911 den für Marie Curie und 1964 den für Dorothy Hodgkin-Crowfoot, und einen Medizin-Nobelpreis

1983 für Barbara McClintock. Die Regel allerdings scheint auch bei den weiblichen Nobelpreisen, daß sie geteilt werden. Halbiert wurde z.B. 1935 der Chemie-Nobelpreis von Irène Joliot-Curie, 1977 der Medizin-Nobelpreis von Rosalyn Yalow und 1986 der gleiche Preis von Rita Levi-Montalcini. Gedrittelt wurde 1995 der Medizin-Nobelpreis von Christiane Nüsslein-Volhard. Es gibt noch kleinere Stückelung: Zwar erlauben die Statuten der Nobelstiftung höchstens, daß ein Preis drei Wissenschaftlern gemeinsam zuerkannt wird. Dabei sind aber auch Viertelungen möglich, beispielsweise wenn zwei voneinander unabhängige Arbeiten im gleichen Fach prämiert werden und für die eine Hälfte zwei Wissenschaftler gleichberechtigt in Frage kommen. Das war beim allerersten weiblichen Nobelpreis so – 1903 bei Marie Curie, deren Mann das andere Viertel der Hälfte ihres gemeinsamen Physik-Preises erhielt; ebenso 1947 bei Gerty Cori, deren Mann das andere Viertel der gemeinsamen Hälfte ihres Medizin-Preises bekam; 1963 bei Maria Göppert-Mayer, die sich mit Hans D. Jensen in die eine Hälfte des Physik-Preises teilte; und schließlich auch 1988 bei Gertrude Elion, die wie George Hitchings ein Viertel des Medizin-Preises bekam.

Drei Nobelpreisträgerinnen leben noch heute, zwei davon inzwischen hochbetagt: die 80-jährige Rosalyn Yalow, Medizin-Nobelpreisträgerin 1977 (geboren 1921), die 92-jährige Rita Levi-Montalcini, Medizin-Nobelpreisträgerin 1986 (geboren 1909) und die 59-jährige Christiane Nüsslein-Volhard, Medizin-Nobelpreisträgerin 1995 (geboren 1942). Die anderen Nobel-Laureatinnen sind tot – Marie Curie mehr als ein halbes Jahrhundert, seit 1934. Ihre Tochter Irène starb ebenso wie Gerty Cori Mitte der fünfziger Jahre (1956 bzw. 1957), Maria Göppert-Mayer 1972. Marie und Irène Curie wurden Opfer ihres Forscher-Berufes und starben als Folge ihres relativ ungeschützten Umgangs mit radioaktivem Material an perniziöser Anämie. Irène Joliot-Curie wurde nur 58 Jahre alt, ihre Mutter, Gerty Cori und Maria Göppert-Mayer starben mit Mitte sechzig. Barbara McClintock dagegen wurde 90 Jahre alt: sie starb 1992. Dorothy Hodgkin-Crowfoot starb 1994 mit 84 Jahren, Gertrude Elion 1999 mit 81 Jahren.

Marie Curie
Physik-Nobelpreis 1903 und Chemie-Nobelpreis 1911

„Wir haben den halben Nobelpreis bekommen," schrieb Marie Curie im Dezember 1903 an ihren Bruder Josef Sklodowski in Polen. „Ich weiß nicht genau, wieviel es ausmacht, ich glaube, es dürften ungefähr 70.000 Francs sein. Das ist für uns sehr viel Geld ... Wir sind von Briefen und Besuchen, von Fotografen und Journalisten überschwemmt. Man möchte sich unter die Erde verkriechen, um Ruhe zu haben."[1]

Der Physik-Nobelpreis 1903, den die Schwedische Akademie der Wissenschaften zur einen Hälfte dem Franzosen Henri Becquerel und zur anderen Hälfte dem Ehepaar Pierre und Marie Curie „für die Entdeckung und Pionierleistungen auf dem Gebiet der spontanen Radioaktivität und der Strahlungsphänomene" zuerkannte, war also für Marie Curie keineswegs ein ungeteiltes Vergnügen und nur Anlaß zur Freude, wie ihre vehemente Klage über den störenden Ansturm auf ihr Privatleben und ihr Forscherdasein zeigt. Es scheint so, als habe die französische Physikerin die immaterielle Bedeutung dieser Ehrung und der damit verbundenen weltweiten Anerkennung nicht sonderlich hoch eingeschätzt: Die Feierlichkeiten zur Nobelpreis-Verleihung am 10. Dezember 1903 fanden ohne Marie und Pierre Curie statt. Das Paar mochte sich aus gesundheitlichen Gründen die weite, anstrengende Reise von Paris nach Stockholm nicht zumuten und verzichtete auf die Teilnahme. Ihren Preis nahm der französische Gesandte entgegen, und der Scheck über 70.000 Francs erreichte sie vier Wochen später per Post. Den ausstehenden Nobelvortrag hielt Pierre Curie in seinem eigenen und im Namen seiner Frau erst rund eineinhalb Jahre später vor der Akademie der Wissenschaften in Stockholm.

Bei Marie Curies zweitem Nobelpreis, dem für Chemie, den sie im Jahre 1911 ganz und ungeteilt für „die Entdeckung der

Elemente Radium und Polonium, die Charakterisierung des Radiums und dessen Isolierung im metallischen Zustand und die Untersuchung über die Natur und die chemischen Verbindungen dieses Elements" erhielt, sah alles anders aus: Diesmal reiste die Laureatin – inzwischen verwitwet und gerade einem Skandal in der französischen Sensationspresse entronnen – pünktlich zur Preisverleihung nach Stockholm. Sie kam in Begleitung ihrer ältesten Tochter Irène, damals vierzehn, die vierundzwanzig Jahre später in eigener Sache an derselben Stelle stehen sollte. Den Nobelvortrag am 11. Dezember 1911 vor der Königlichen Akademie hielt Marie Curie – inzwischen ordentliche Professorin an der Sorbonne – diesmal selbst, nicht ohne allerdings der Leistungen ihres Mannes bei der Entdeckung des Radiums zu gedenken:

„Es liegt mir daran, ehe ich mich dem Thema meines Vortrags zuwende, Ihnen in Erinnerung zu rufen, daß das Radium und das Polonium von Pierre Curie in Zusammenarbeit mit mir entdeckt wurde. Wir verdanken Pierre Curie auch die grundlegenden Untersuchungen auf dem Gebiet der Radioaktivität, die er teils allein, teils in Zusammenarbeit mit mir, teils auch in Zusammenarbeit mit seinen Schülern durchgeführt hat. Die chemische Arbeit, die zum Ziel hatte, das Radium im Zustand eines reinen Salzes isoliert darzustellen und als ein neues Element zu bestimmen, ist im besonderen von mir durchgeführt worden, ist aber untrennbar mit der gemeinsamen Arbeit verbunden. Ich glaube also, die Absicht der Akademie der Wissenschaft richtig auszulegen, wenn ich annehme, daß die hohe Auszeichnung, deren ich teilhaftig werde, dieser gemeinsamen Arbeit gilt und so eine Ehrung des Andenkens Pierre Curies darstellt."[2]

Marie Curie kann mit ihren beiden Nobelpreisen gleich mehrere Superlative für sich in Anspruch nehmen: Sie war die erste Frau überhaupt, die Nobelpreisträgerin wurde, und das gleich zweimal und obendrein noch in der von Männern beherrschten Domäne der Naturwissenschaften. Marie Curie war zudem 1903 mit ihren 36 Jahren die jüngste Frau, die je einen Nobelpreis entgegengenommen hat. Mit einem Nobelpreisträger ver-

Marie Curie

heiratet, hat sie eine wissenschaftliche Dynastie begründet, die sich mittlerweile in der 3. Generation fortsetzt: Ihre Tochter Irène Joliot-Curie und ihr Schwiegersohn Frédéric Joliot wurden im Jahre 1935 gleichfalls mit einem gemeinsamen Nobelpreis, dem Nobelpreis für Chemie, ausgezeichnet, und auch zwei der Enkelkinder von Marie Curie machten die Wissenschaft zum Beruf und heirateten wiederum Wissenschaftler.

Marie Curie als Begründerin der Radiochemie kann mit Recht für sich beanspruchen, daß die Quelle internationaler Entdeckungen, die aus ihren ersten Untersuchungen entsprungen ist, das Wesen des Fortschritts in den Naturwissenschaften im 20. Jahrhundert verändert hat. Vor der Entdeckung der Radioaktivität hatte die stoffliche Materie als statisch und in ihren kleinsten Bausteinen, den Atomen, als unveränderlich gegolten. Mit dem Fortschreiten der Einsicht in das Wesen der Materie nicht zuletzt durch die Entdeckung des Radiums zeigte sich die Möglichkeit, ein Element in ein anderes umzuwandeln. Aus dieser Erkenntnis folgte letztlich vierzig Jahre später die Freisetzung der Kernenergie in großtechnischem Maßstab. In diesem Sinne begründete Marie Curie nicht nur die Radiochemie, sondern leitete die Kern- und Nuklearforschung ein. Zugleich gab sie der Technik, der Wirtschaft und der Medizin wichtige neue Impulse und setzte die Anfänge zu dem, was heute Atomzeitalter genannt wird.

Im familiären und sozialen Hintergrund von Marie Curie – einer der berühmtesten Frauen des 20. Jahrhunderts – läßt sich manches ausmachen, was die ungeheure Willenskraft, Ausdauer und Energie erklären könnte, mit der sich die junge Frau den exakten Naturwissenschaften zugewandt hat. Dennoch ist ihr intensives Interesse an der Wissenschaft nicht auf Anhieb zu verstehen. Das wechselvolle Leben von Marie Curie ist oft erzählt worden.[3]

Maria Salome Sklodowska wurde am 7. November 1867 in einer kleinen Wohnung in Warschau geboren. Sie war das fünfte Kind in ihrer Familie und nach dem ersehnten Sohn die vierte Tochter. Die Eltern der kleinen Mania, wie der Nachkömmling bald genannt wurde, arbeiteten beide als Lehrer: Der Vater

Wladislaw Sklodowski unterrichtete Mathematik und Physik an einem Warschauer Gymnasium, und weil sein bescheidenes Gehalt nicht ausreichte, betrieb die Mutter Bronislawa Sklodowska ein kleines Mädchenpensionat in dem gleichen Haus, in dem die Familie wohnte.

Beide Eltern prägten nachhaltig das Zusammenleben der Familie und die Wertvorstellungen ihrer heranwachsenden Kinder: Der Vater setzte bedingungslos seine überkommenen Ideen von Sitte, Anstand und Moral durch. Aber auch sein Interesse für die Naturwissenschaften gab er wie selbstverständlich weiter. Die Mutter wollte von ihren Kindern vor allem dieselbe klaglose Pflichterfüllung, die sie selbst vorlebte.

Die politischen und wirtschaftlichen Lebensbedingungen der Familie Sklodowski waren zur Zeit von Marias Geburt alles andere als rosig: Um sie herum die bedrückende Atmosphäre eines Polizeistaates unter russischer Oberhoheit, in dem nur überleben konnte, wer Kompromisse mit dem System zu schließen bereit war. Dazu die eher bedrängte ökonomische Lage des Lehrerpaares, das zwar gesellschaftlich angesehen und geachtet war, aber auch mit seinem Einkommen als Doppelverdiener nur mit Mühe den Unterhalt für die siebenköpfige Familie bestreiten konnte. In einer Periode rücksichtsloser Russifizierung der polnischen Unterrichtsanstalten verlor der Pole Sklodowski zudem Anstellung und Dienstwohnung, und so blieb ihm als Pädagogen nur noch die wenig dankbare Rolle eines Tutors. Er mietete eine Wohnung, in der er Jungen im Schulalter aufnahm und bei den Hausaufgaben betreute.

Die sechsjährige Maria als jüngstes Kind litt am meisten unter den Zwängen dieser beschränkten Wohn- und Lebensverhältnisse: Sie schlief im Eßzimmer und mußte bereits um sechs Uhr morgens ihr Bett räumen, damit die Schüler aus der Pension rechtzeitig frühstücken konnten.

Das größte Problem im Leben der kleinen Mania war dabei zweifellos das seltsame, für das Kind unverständliche Verhalten seiner Mutter: In einem Alter, in dem es nach Liebe, Zärtlichkeit und Zuwendung hungerte, wurde die Mutter zunehmend spröder im Umgang mit ihren Kindern. Sie wußte, daß sie an

Tuberkulose erkrankt war, und mied deshalb jede körperliche Berührung. Als sie im Jahre 1878 starb, war ihre jüngste Tochter Maria zehn Jahre alt; längst vor dem Tod der Mutter war sie ein einsames, von ihr verlassenes, kleines Mädchen gewesen.

Ihren Kummer und ihr Alleinsein kompensierte Maria Sklodowska schon in frühestem Alter durch außerordentlichen Fleiß und großes Konzentrationsvermögen beim Lernen. Bereits als Vierjährige konnte sie fließend lesen, und von diesem Zeitpunkt an hielt sie eifrig mit in der Atmosphäre ständigen Studierens, die sie daheim umgab – geprägt von einem Oberschullehrer als Vater, Gymnasiasten als Geschwistern und Pensionsschülern als Spielkameraden. Der Erfolg blieb nicht aus: Maria war noch nicht 16, als sie nach einer glänzenden Schullaufbahn das Gymnasium beendete – als beste Schülerin mit einer Goldmedaille belohnt.

Der Preis für die ununterbrochene geistige Anspannung seit frühester Jugend waren allerdings deutliche Symptome nervöser Störung bei dem heranwachsenden, pummeligen Mädchen. Maria Sklodowska mußte bei Verwandten in der Provinz eine mehrmonatige Zwangspause einlegen, bevor sie an eine weitere Ausbildung denken konnte.

Ein Universitätsstudium war zu dieser Zeit in ihrer Heimat für sie nicht möglich: An polnischen Mädchenoberschulen wurden keine klassischen Sprachen gelehrt, und damit fehlte den Frauen die Möglichkeit und das Recht, sich um die Aufnahme an den Hochschulen des Landes zu bewerben. Ehrgeizige, intelligente Mädchen mußten, wenn sie studieren wollten, ins Ausland gehen.

Um das Geld für ein Studium im Ausland zu beschaffen, vereinbarte Maria Sklodowska ein ungewöhnliches Familiengeschäft mit ihrer älteren Schwester Bronia: Maria nahm 1885 eine Stelle als Gouvernante zunächst in Warschau, dann auf dem Lande an, damit Bronia von ihrem Verdienst in Paris an der Sorbonne Medizin studieren konnte. Nach ihrem Examen wollte Bronia auf dieselbe Weise ihre Schwester Maria unterstützen, damit auch sie studieren konnte.

Erst nach einer langen Wartezeit voller Entbehrungen und Demütigungen – acht Jahre, nachdem sie das Gymnasium verlassen hatte, und sechs Jahre, nachdem sie sich als Erzieherin verdingt hatte – konnte Maria Sklodowska zum eigenen Studium nach Paris gehen. Sie war inzwischen fast vierundzwanzig Jahre alt. Aus Sparsamkeit reiste sie im Herbst 1891 auf einem Klappstuhl in einem Abteil 4. Klasse durch Deutschland nach Frankreich.

Im Oktober 1891 immatrikulierte sich die junge Polin an der Mathematisch-Naturwissenschaftlichen Fakultät der Sorbonne in Paris. Sie hörte physikalische, mathematische und chemische Vorlesungen und machte sich mit der Technik wissenschaftlichen Experimentierens vertraut. Ihr Studienanfang war dabei nicht ohne Probleme: Ihr Französisch war zunächst zu mangelhaft, um die Vorlesungen zu verstehen, und ihre Mathematik-Kenntnisse reichten nicht aus, um den Kursen in Physik folgen zu können. Kein Wunder – viele Anfangsgründe in den Naturwissenschaften hatte sich Maria Sklodowska aus mehr oder weniger zufällig erlangten Büchern selbst beigebracht, und auch ihre polnische Schulbildung konnte nicht mit der ihrer Kommilitonen verglichen werden.

Durch eisernen Fleiß und unermüdliche Arbeit schaffte Maria oder Marie, wie sie sich jetzt nannte, dennoch den Anschluß an ihr Studiensemester. Das Studium wirkte wie eine Droge auf sie, von der sie nicht genug bekommen konnte, und verschlang alle ihre Zeit. Unter ihren Lehrern waren berühmte Leute wie der Mathematiker Paul Appell und der spätere Physik-Nobelpreisträger Gabriel Lippmann, der zwölf Jahre danach der Vorsitzende der Kommission bei ihrer Doktorprüfung sein sollte. Vor und nach den Vorlesungen saß Marie Sklodowska in der Bibliothek, und nachts arbeitete sie weiter in ihrem winzigen, meist ungeheizten Dachzimmer im 6. Stock eines großen Mietshauses im Quartier Latin. Sie brach fast alle persönlichen Kontakte ab, weil sie ihr Studium hätten beeinträchtigen können, und führte ein äußerst einsames, isoliertes und spartanisches Leben. Aus Zeit- und Geldmangel aß sie so wenig und so billig wie möglich und lebte praktisch nur von Butterbroten und Tee.

Ihr enormer persönlicher Einsatz und ihr brennender Ehrgeiz lohnten sich: Als Beste ihres Jahrganges erhielt die Studentin der Naturwissenschaften 1893 das Diplom in Physik und gewann kurz darauf das Warschauer Alexandrovitch-Stipendium von 600 Rubeln, das ihr erlaubte, ihr Studium in Paris fortzusetzen. Auf den Tag genau ein Jahr später bekam sie als Zweitbeste ihres Jahrganges das Mathematik-Diplom. Damit war die mittlerweile sechsundzwanzigjährige Marie Sklodowska im Besitz einer akademischen Ausbildung, die jedem männlichen Studenten zur Ehre gereicht hätte und ihr den Weg freigab für ihr eigentliches Interesse, die physikalisch-chemische Grundlagenforschung.

Das pausbäckige, pummelige Geschöpf, das drei Jahre zuvor nach Paris gekommen war, hatte sich in der entbehrungsreichen Zeit des Studiums in eine zarte, durchsichtige, gleichwohl äußerst disziplinierte junge Frau gewandelt. Seit dem letzten Jahr an der Universität hatte sie einen ebenso ernsthaften wie hartnäckigen Verehrer, den acht Jahre älteren französischen Physiker Pierre Curie, der in relativ bescheidener Position als Lehrer und Laboratoriumsleiter an der von der Stadt Paris gegründeten Schule für Industrielle Physik und Chemie arbeitete, aber sich bereits als Kristallograph in der Fachwelt des Auslandes einen Namen gemacht hatte.

Pierre Curie warb auf ungewöhnliche Weise um die spröde, zunächst abwehrende und seit einer unglücklichen Romanze in ihrer Gouvernanten-Zeit übervorsichtige Marie Sklodowska: Er schickte nicht Blumensträuße, sondern signierte Sonderdrucke seiner Forschungspublikationen, und seine Gesprächsthemen drehten sich zunächst nur um die Wissenschaft. Offenbar hatte er Erfolg damit: Im Juli 1895 – rund fünfzehn Monate nach ihrer ersten Begegnung – ging seine Angebetete mit ihm zum Standesamt. Das Paar verzichtete auf alle Förmlichkeiten und tauschte nicht einmal Ringe aus.

Die Ehe der Curies sollte knapp elf Jahre dauern, bis Pierre Curie 1906 bei einem Verkehrsunfall auf einer Pariser Straßenkreuzung ums Leben kam, als ihn das Hinterrad eines schweren, zweispännigen Pferdelastwagens auf regennasser Straße überrollte und ihm den Kopf zermalmte.

Zum Zeitpunkt der Hochzeit war Marie Curie nicht ganz 28 Jahre und Pierre Curie 36 Jahre alt. Die Absicht dieser Verbindung war von Anfang an nicht nur das Leben, sondern auch die wissenschaftliche Arbeit miteinander zu teilen. Trotz seiner gutbürgerlichen Herkunft aus einer elsässischen Arztfamilie war Pierre Curie nicht das, was man eine gute Partie hätte nennen können. Aber er war klug, gebildet und in seiner wissenschaftlichen Praxis Marie weit voraus – Grund genug, ihn für sie zum attraktiven Lebenspartner zu machen. Böse Zungen behaupten denn auch, Marie sei in der Folge nur auf der Grundlage des Intellekts und der Erfahrung ihres Mannes zu Ruhm und Ansehen gelangt. Das stimmt sicher nicht, auch wenn Marie Curie zu Beginn ihrer Ehe wissenschaftlich mehr von ihrem Mann profitierte als er von ihr.

Mit ihrer Heirat verlor Marie Curie keineswegs ihr wissenschaftliches Fortkommen aus den Augen. Ihre erste gemeinsame Wohnung war – wie alle späteren – spartanisch eingerichtet, und ihr eigentliches Leben spielte sich im Labor ab. Sie hatte nämlich die Erlaubnis erhalten, in der Fachhochschule für Physik und Chemie an der Seite ihres Mannes unentgeltlich zu forschen. Ihren Unterhalt mußte sie dabei von Pierres Gehalt bestreiten. Das war in diesen Tagen nicht viel höher als das eines Pariser Arbeiters.

Marie Curies erste selbständige Forschungsarbeit befaßte sich mit einem Thema aus dem Arbeitsgebiet ihres Mannes, dem Magnetismus gehärteten Stahls. Ihr Bericht darüber, 1898 kurz nach der Geburt ihrer Tochter Irène publiziert, gilt unter Fachleuten als fleißig, überlang und nicht besonders originell. Zur gleichen Zeit bereitete sie sich auf das Staatsexamen in Mathematik und Physik vor, um als Lehrerin an staatlichen Schulen unterrichten zu können. Nachdem sie 1896 auch diese Prüfung bestanden hatte, machte sie sich auf die Suche nach einem Dissertationsthema.

Der Zufall wollte es, daß Marie Curie zur rechten Zeit auf das richtige Thema stieß – auf das Problem der natürlichen

Strahlung des Uran, über das der französische Physiker Henri Becquerel gerade einen Forschungsbericht veröffentlicht hatte, der aber noch nicht sonderlich beachtet worden war. Im Einvernehmen mit ihrem Mann beschloß Marie Curie, die von Becquerel gefundenen Strahlen zum Gegenstand ihrer Doktorarbeit zu machen und die kleinen, in der Luft sich ausbreitenden Mengen Elektrizität, die die Uransalze abgaben, zu messen. Die Entscheidung des Ehepaares Curie für die Becquerel'schen Strahlen sollte die wichtigste berufliche und private ihres Lebens werden.

Im Dezember 1897 begann Marie Curie die winzige Menge elektrischer Ladungen, die das Uran an die Luft abgab, mit Hilfe des sogenannten Piezo-Elektrometers, das ihr Mann zusammen mit seinem Bruder vierzehn Jahre zuvor entwickelt hatte, systematisch zu messen. Es dauerte nur wenige Wochen, bis sie festgestellt hatte: Je größer der Uranbestandteil in den untersuchten Mineralien, desto intensiver war die Strahlung, unabhängig von der Art der chemischen Verbindung, Beleuchtung und Temperatur. Marie Curie hatte damit die Strahlung als Atomeigenschaft des Urans entdeckt. Diese einfache Erkenntnis sollte die Grundlage für die Erforschung der Atomstruktur im 20. Jahrhundert werden.

Marie Curie untersuchte in der Folge so viele Proben von Metall, wie sie auftreiben konnte, und stellte dabei fest, daß nur Thorium ähnliche Eigenschaften wie Uran besaß und Strahlen aussandte. Sie gab der neuen Eigenschaft von Uran und Thorium den Namen „Radioaktivität", meldete ihre vorläufigen Forschungsergebnisse bereits 1898 der französischen Akademie der Wissenschaften und arbeitete unverdrossen weiter. Inzwischen beteiligte sich auch ihr Mann an ihren Experimenten, und die Curies begannen gemeinsam, Pechblende zu untersuchen, eine Uranverbindung, die weit aktivere Strahlen aussandte als das Uran selbst.

Ihre Arbeit in den folgenden Jahren ist auch der breiteren Öffentlichkeit bekannt und zum Mittelpunkt des Curie-Mythos geworden: Das Forscherpaar begann im April 1898 mit einer guten Tasse voll Pechblende – ganzen hundert Gramm –

und sonderte die inaktiven Elemente mit Hilfe klassischer chemischer Techniken aus. Bereits im Juli 1898 hatten sie die eigentlich radioaktive Substanz. Von der gereinigten Substanz isolierten sie zwei neue Elemente mit weitaus stärkerer Radioaktivität als Uran. Dem einen gab Marie Curie in Erinnerung an ihr Heimatland nicht ohne nationale Sentimentalität den Namen „Polonium". Das andere, das sich tausendmal aktiver als Uran und in der Folge als das wichtigere und interessantere erwies, nannte sie „Radium".

Zunächst waren lediglich winzige Spuren vorhanden, denn die Konzentrationen in der Pechblende betrugen weniger als ein Millionstel Teil. Von höchster Wichtigkeit war es deshalb, im Laufe der weiteren Forschungsarbeiten wägbare Mengen zu isolieren. Erst vier volle Jahre später sollte es Marie Curie gelingen, ein zehntel Gramm reines Radiumchlorid zu gewinnen. Damit wurde es möglich, beliebige wissenschaftliche Versuche anzustellen und auch schon sehr früh Radiumpräparate zur medizinischen Strahlentherapie zu verwenden.

Der Weg dorthin war mühsam: Wägbare Mengen der neuen Elemente Polonium und Radium, die die notwendigen Aussagen über deren Atomgewicht und Lichtspektrum erlaubten, konnten nur durch Verarbeitung sehr großer Massen von Ausgangsmaterial gewonnen werden. Im Laufe der nächsten Jahre verarbeiteten die Curies denn auch sechzig Tonnen Uranrückstände, die ihnen die österreichische Regierung aus ihrer Minenunternehmung in St. Joachimsthal gegen Erstattung der Transportkosten gratis zur Verfügung stellte. Diese in und vor einem alten Geräteschuppen der École de Physique vorgenommenen Aufbereitungen der Pechblende hatten kaum mehr Laboratoriumscharakter.

Marie Curie spezialisierte sich dabei auf die Rolle der Chemikerin und trennte die neuen Stoffe, während ihr Mann in Arbeitsteilung die physikalischen Eigenschaften auf den einzelnen Stufen der chemischen Trennung untersuchte. Der chemische Trennungsprozeß war die eigentliche Knochenarbeit, der körperlich anstrengendere Teil und für eine Frau extrem undankbar: Es mußte mit riesigen Fässern, Bottichen und Kannen hantiert und rund um die Uhr mit einem langen Eisenstab in heißer Pechblende gerührt werden, um die Stadien der Trennung zu bewältigen.

In langwieriger, mühevoller und monotoner Arbeit, die unendlich viel körperlichen Einsatz, Geduld und Ausdauer erforderte, gelang es Marie Curie im Jahre 1902 nach gut vierjähriger Arbeit, zwei Präparate herzustellen, deren Radioaktivität wesentlich höher war als die des Uranoxids; zudem ließ sich deren Atomgewicht bestimmen. Bis zur Reindarstellung des Radiumchlorids sollten noch weitere fünf Jahre gleichförmiger chemischer Reinigung vergehen.

Die Arbeit, die Marie Curie bei der Konzentration und schließlich bei der Reindarstellung der Radiumsalze ausgeführt hatte, war insofern neuartig, als sie anfänglich mit Substanzmengen umgehen mußte, die wegen ihrer verschwindend geringen Menge unsichtbar waren. Der Erfolg jeder analytischchemischen Operation konnte nur durch die Zunahme der Strahlung, also durch elektrometrische Messungen festgestellt werden. Dieses Verfahren, das von Pierre und Marie Curie damit in die Wissenschaft eingeführt wurde, war lange die grundlegende Arbeitsweise der Radiochemie.

Am 25. Juni 1903 legte Marie Curie an der Sorbonne ihre mündliche Doktorprüfung ab. Ihre rund hundert Seiten lange schriftliche Arbeit trug den Titel „Forschungen über radioaktive Stoffe von Frau Sklodowska-Curie". Marie Curie wurde mit der Note „très honorable" promoviert.

Die Ergebnisse der Forschungen, die eigentlich nur eine Dissertation hatten werden sollen, begannen Kreise zu ziehen. Kurz nach Maries Promotion wurde den Curies von der Londoner Royal Society eine ihrer höchsten Auszeichnungen, die Davy-Medaille verliehen. Noch im November des gleichen Jahres 1903 folgte der Nobel-Preis für Physik. Er wurde erst zum dritten Mal vergeben und ging im Falle von Marie Curie sogar an einen Wissenschaftler, wie er Alfred Nobel vermutlich vorgeschwebt haben mag, als er seinen Preis ausdrücklich jungen, um ihre Anerkennung ringenden Forschern für eine im Vorjahr gemachte wichtige Entdeckung zugeeignet hatte. Bei den Curies war der ihnen gemeinsam verliehene Nobelpreis nicht das Ende, sondern der Beginn von allem. Ihr beruflicher Status zur Zeit des Nobelpreises 1903 nahm sich noch sehr bescheiden aus, und ihre Laufbahn steckte in den Anfängen. Selbst als Stockholmer Laureaten hatten Pierre und Marie Curie zunächst weder Fakultätsrang an der Universität noch eigene Laborräume oder finanzielle Unterstützung. Einen Teil des mit dem Nobelpreis zuerkannten Geldes benutzten sie, um einen Assistenten für ihr Labor anzustellen und einige unentbehrliche Geräte für ihre Arbeit anzuschaffen. Um ihren Lebensunterhalt zu verdienen und in der Freizeit ihre Forschungen fortführen zu können, mußten beide weiterhin Lehraufträge annehmen – Pierre Curie gab Kurse in Physik, Chemie und Naturgeschichte an der Sorbonne, Marie Curie arbeitete als Teilzeitlehrerin für Physik an einer Mädchenoberschule in der Nähe von Paris.

Erst im November 1904 bekam Pierre Curie endlich einen Lehrstuhl für Physik an der Pariser Universität, dazu ein Laboratorium mit drei Assistenten, zu denen seine Frau als Laborleiterin gehören durfte. Es war das erste Mal, daß sich Marie Curies langjährige Investitionen an wissenschaftlicher Arbeit endlich auch in einem monatlichen Gehalt niederschlugen.

Marie Curies eigene bemerkenswerte wissenschaftliche Karriere begann letztlich erst nach dem Unfalltod ihres Mannes im April 1906: Statt sich mit der ihr angebotenen, großzügigen Staatspension zu bescheiden, setzte es die achtunddreißigjährige Witwe, inzwischen Mutter zweier Töchter, der achtjährigen Irène und der zweijährigen Eve, durch, die Nachfolge Pierre Curies auf dessen Lehrstuhl an der Sorbonne antreten zu können.

Bereits am 13. Mai 1906 übernahm Marie Curie ihren Posten als außerordentliche Professorin an der Sorbonne; sie war die erste, die einen solchen Lehrauftrag erhielt. Zwei Jahre später wurde sie zur ordentlichen Professorin berufen, und fortan teilte sie ihr Leben zwischen der Sorbonne und ihrem Labor auf. 1910 veröffentlichte sie einen tausendseitigen Band „Traité de radioactivité".

Unermüdlich forschte sie weiter und konnte im August 1911 in Brüssel einer internationalen Kommission ein Präparat von knapp 22 Milligramm reinem Radiumchlorid vorlegen, die es zum „Internationalen Radiumstandard" erklärte. Seitdem entspricht ein „Curie" der Aktivität eines Gramms reinen, natürlichen Radiums pro Sekunde. Just zu dem Zeitpunkt, als Marie Curie an dem ersten der berühmten Solvay-Kongresse in Brüssel teilnahm, erhielt sie ihren zweiten Nobelpreis, diesmal den für Chemie und ungeteilt, mit der Begründung, „daß die Entdeckung des Radiums noch nicht Gegenstand einer Auszeichnung" gewesen sei.

Kritiker meinen allerdings, daß der Wert der Entdeckung des Radiums bereits mit dem Preis von 1903 honoriert worden war und man Marie Curie mit einem neuerlichen Nobel-Preis lediglich den Rücken stärken wollte: Im Jahre 1911 begegnete die Forscherin nämlich im Kreise ausländischer Kollegen einer Welle von Solidarität und Mitgefühl, als die Demütigung ihrer Abweisung durch die französische Akademie der Wissenschaften bekannt wurde und zugleich nicht ganz unbegründete Gerüchte über eine Liebesaffäre mit dem fünf Jahre jüngeren, verheirateten Physiker Paul Langevin zu einer wilden Kampagne in der Regenbogenpresse führten.

Marie Curies Forscherleben „in Amt und Würden" dauerte nach dem zweiten Nobelpreis noch weitere vierundzwanzig Jahre. Die in gemeinsamer Arbeit mit ihrem Mann erzielten Forschungsergebnisse baute sie im Laufe der Jahre mit einem immer größeren Mitarbeiterstab weiter aus, und das Personal in ihrem Labor ersetzte ihr mehr und mehr die eigene Familie. Allein in der Zeit von 1919 bis 1934 veröffentlichte Marie Curie selbst 31 wissenschaftliche Arbeiten. Insgesamt gingen aus ihrem Institut in diesen Jahren 483 Arbeiten an die Öffentlichkeit. Die meisten Themen regte sie selbst an und überwachte auch deren Ausführung. Die Folge waren breite, internationale Anerkennung und zahlreiche Ehrungen, Auszeichnungen und Ehrendoktorate in Europa und Übersee.

Auch die französische Öffentlichkeit vergaß ihre Ressentiments schnell, als sich Marie Curie im 1. Weltkrieg als glühende

Patriotin für ihre Wahlheimat zeigte: Sie zeichnete nicht nur ihre sämtlichen aus den beiden Nobelpreisen stammenden Geldvorräte als Kriegsanleihen, die prompt verloren gingen, sondern organisierte auch einen äußerst verdienstvollen fahrbaren Röntgendienst für französische Lazarette, der im Laufe des Krieges einer Million verwundeter Soldaten zugute kam. Marie Curie bildete Röntgenpersonal aus und fuhr auch selbst zum Röntgen an die Front, was ihr in der Bevölkerung beträchtliche Popularität verschaffte.

Als der 1. Weltkrieg vorbei war, stand Marie Curie ein funkelnagelneues, modernes Laboratorium zur Verfügung: das Pariser Radium-Institut, das Sorbonne und Pasteur-Institut gemeinsam finanziert hatten und das bereits 1914 fertig geworden war. Aber es fehlten nun bei Kriegsende die finanziellen Mittel für die Forschung. Mit Hilfe zweier beispielloser Propaganda-Feldzüge durch die USA gelang es Marie Curie, zwei Gramm Radium im Werte von 200.000 Dollar aufzutreiben, die nicht nur ihre wissenschaftliche Arbeit in Paris, sondern auch die in dem neuen, ihr gewidmeten Radium-Institut in Warschau sicherstellten.

Zumindest die letzte Dekade schöpferischer Arbeit scheint Marie Curie ihrer Gesundheit mühsam abgetrotzt zu haben. Sie mußte allein vier Augenoperationen über sich ergehen lassen, bis sich ihr Augenlicht stabilisierte. Sie litt an Rheuma, Muskelschmerzen, ständigen Erkältungskrankheiten, Müdigkeit und Ohrensausen. Ihre Krankheiten waren vermutlich die Folge des langjährigen Einatmens von radioaktivem Staub, gegen den sie sich niemals in ihrem Laboratorium ausreichend geschützt hatte. Mit zunehmendem Alter wuchs ihre Anfälligkeit, aber sie ließ sich dadurch nur wenig beeinträchtigen, sondern blieb, wie ihr ganzes Leben zuvor, hart gegen sich selbst.

Auch in ihren späten Jahren, als Marie Curie hochangesehen, prominent und einflußreich war, lebte sie sparsam und bescheiden, ja asketisch wie in den Anfängen ihrer Jugend und äußersten Geldknappheit. Sie entdeckte allerdings ein neues Vergnügen für sich: Sie reiste teils in offizieller, teils in inoffizieller wissenschaftlicher Mission durch die halbe Welt.

Schon bevor sie 1932 ihrer Tochter Irène die Leitung ihres Laboratoriums übertrug, widmete sie sich auch politischen Interessen und arbeitete u. a. in der Internationalen Kommission für geistige Zusammenarbeit beim Völkerbund mit, zu der auch Albert Einstein gehörte, mit dem sie eine langjährige Freundschaft verband.

Marie Curie starb mit knapp siebenundsechzig Jahren am 4. Juli 1934 während eines Sanatoriumsaufenthaltes in Sancellemoz in den Schweizer Savoyen. Die Ärzte gaben perniziöse Anämie als Todesursache an und erklärten, ihr Knochenmark sei durch radioaktive Strahlung zerstört gewesen und habe keine neuen roten Blutkörperchen mehr bilden können. Madame Curie hätte also vielleicht noch sehr viel länger leben können, wenn sie nicht das Radium entdeckt und lange unter primitiven Umständen damit gearbeitet hätte.

Irène Joliot-Curie
Chemie-Nobelpreis 1935

Erst vierundzwanzig Jahre nach dem zweiten Nobelpreis an Marie Curie war wieder eine Frau unter den naturwissenschaftlichen Laureaten: Marie Curies Tochter, Irène Joliot-Curie, erhielt 1935, zusammen mit ihrem Mann Frédéric Joliot, den Chemie-Nobelpreis – „in Anerkennung ihrer Synthese neuer radioaktiver Elemente", einer Entdeckung, die weitreichende Folgen für Chemie und Medizin hatte. Der Preis, der 1911 auch Marie Curie zuerkannt worden war, blieb damit sozusagen fürs erste in der Familie. Marie Curie hat allerdings den Triumph von Tochter und Schwiegersohn nicht mehr erlebt.

Wenn je eine Wissenschaftlerin für den Ruf aus Stockholm prädestiniert schien, so war es wohl Irène Joliot-Curie: Als Tochter des Nobelpreisträgers Pierre Curie und der zweifachen Nobelpreisträgerin Marie Curie-Sklodowska kannte Irène Joliot-Curie nicht nur von frühester Jugend an ihr späteres Arbeitsgebiet der Radiochemie, sondern bekam auch in ganz jungen Jahren eine fundierte naturwissenschaftliche Ausbildung, die ihr einen weiten Vorsprung unter ihren Altersgenossen verschaffte. Offensichtlich hatten ihr die Eltern Begabung und Durchhaltevermögen vererbt, sodaß Irène Curie in der Wissenschaft schnell reüssierte und ihr die Mutter auch formal die Leitung des „Familienunternehmens", des Pariser Radium-Institutes, übertragen konnte – drei Jahre vor dem Nobelpreis. Zum Zeitpunkt der Stockholmer Ehrung war Irène Joliot-Curie mit 38 Jahren vergleichsweise jung – nur zwei Jahre älter als ihre Mutter bei der Verleihung des Physik-Nobelpreises 1903 –, und sie ist bis heute die zweitjüngste Nobelpreisträgerin überhaupt geblieben.

Irène Joliot-Curie wurde am 12. September 1897 als erstes Kind der Curies geboren. Ihre Mutter war just zu dieser Zeit damit beschäftigt, ihre erste eigenständige Forschungsarbeit, an der sie zwei Jahre lang im Labor ihres Mannes gearbeitet hatte, abzuschließen. Neben dem Bettchen ihres Säuglings bereitete sie ihren Bericht über den Magnetismus gehärteten Stahls für die Veröffentlichung vor.

Marie Curie hatte das Glück, auch als junge Mutter ihre wissenschaftliche Laufbahn fortsetzen zu können, ohne auf ein Kindermädchen für Irène angewiesen zu sein: Ihr Schwiegervater Eugène Curie, dessen Frau wenige Tage nach der Geburt der Enkelin gestorben war, zog zu der jungen Familie und kümmerte sich anstelle der häufig abwesenden Mutter um das kleine Mädchen, bis er selbst im Jahre 1910 starb. Irène wurde zum Mittelpunkt seines Witwerdaseins. Er verbrachte den ganzen Tag mit ihr und wurde zu ihrer eigentlichen Bezugsperson. Eugène Curie beeinflußte entscheidend Irènes Persönlichkeit, vor allem, nachdem sie 1906 durch einen Verkehrsunfall ihren Vater verlor. Niemand schilderte die vertraute Beziehung zwischen Großvater und Enkelin besser als Irènes jüngere Schwester Eve in ihrer Biographie „Madame Curie":

„Er ist der Spielkamerad, der Lehrer, weit mehr als die Mutter, die stets im Laboratorium festgehalten ist, von dem die Kinder unausgesetzt reden hören. Eve ist noch zu klein, um ihm wirklich näherzutreten, doch ist er der unvergleichliche Freund der Älteren, dieses scheuen Kindes, dessen Wesen er dem hingegangenen Sohn so ähnlich fühlt. Er begnügt sich nicht damit, Irène in die Naturgeschichte, in die Botanik einzuführen, ihr seine Begeisterung für Victor Hugo mitzuteilen, ihr während der Ferien anregende, äußerst drollige und geistessprühende Briefe zu schreiben; er ist es, der ihr geistiges Leben in entscheidender Weise beeinflußt. Das seelische Gleichgewicht der jetzigen Irène Joliot-Curie, ihre Abneigung, sich Kummer und Schmerz hinzugeben, ihren den Realitäten des Lebens zugewandten Sinn, selbst ihren Antiklerikalismus und ihre politischen Sympathien hat sie unmittelbar von ihrem Großvater übernommen."[1]

Irène Joliot-Curie

Tatsächlich war es wohl der Arzt Eugène Curie, ein überzeugter Freidenker, der seine Enkelin zum Atheismus und späteren Antiklerikalismus finden ließ. Ihm verdankte Irène Joliot-Curie auch ihre Bindung an einen liberalen Sozialismus, dem sie ihr Leben lang treu blieb. Als sie zwölf Jahre alt war, hatte der alte Doktor dem jungen Mädchen bereits seine demokratischen und sozialen Ideale eingepflanzt. Es waren die politischen Ideale, die ihn zur Teilnahme an der Revolution von 1848 bewegt hatten und denen er eine Gewehrkugel im Kinnbacken verdankte. Und es waren soziale Ideale, die ihn 1871 veranlaßt hatten, hinter den Barrikaden der Pariser Kommune ein Krankenhaus zu organisieren.[2]

Nach Eugène Curies Tod übernahmen wechselnde Kindermädchen und Gouvernanten aus Polen die Verantwortung und die Aufsicht über den Alltag der zwölfjährigen Irène und ihrer sieben Jahre jüngeren Schwester Eve. Marie Curie, die nun ganz ohne familiäre Hilfe war, mußte ihren Arbeitsrhythmus zwischen Forschung, Lehrtätigkeit und Familienpflichten jetzt mit bezahlter Hilfe von außen aufrechterhalten. Trotz aller beruflichen Belastung lag ihr vor allem die schulische Erziehung ihrer Töchter sehr am Herzen, und sie verwandte darauf viel Zeit.

Als ihre Älteste die Grundschule absolviert hatte und ins Gymnasium kommen sollte, bemühte sich Marie Curie, sie nach ihren eigenen Ideen unterrichten zu lassen. Zusammen mit Universitätskollegen, die Söhne und Töchter im gleichen Alter hatten, entstand unter ihrer Anregung eine Art von Unterrichtsgemeinschaft für zehn Kinder, bei der sich bedeutende Professoren in die Aufgabe teilten, den eigenen Nachwuchs entsprechend moderner Prinzipien zu unterrichten. Marie Curie lehrte dabei Physik, Paul Langevin Mathematik, Jean Perrin Chemie. Die literarischen Lücken füllten Mme Perrin und Mme Chavanne.

Auf diese Weise lernten die Kinder zwei Jahre lang die verschiedensten Fächer, vor allem naturwissenschaftliche, auf Universitätsebene. Aus Arbeitsüberlastung ihrer Eltern mußten sie danach wieder in Regelschulen gehen.

Immerhin erreichte Irène Curie nicht zuletzt durch diesen – wenn auch nur temporären – Sonderunterricht eine wissenschaftliche Grundlage und Leistungsmotivation ersten Ranges. Sie ging anschließend zum Collège Sévigné, wo sie kurz vor dem Ausbruch des Ersten Weltkriegs ihr Abitur machte.

Irène Curie wird in ihrer Kindheit als seltsames, kleines Wesen geschildert: grünäugig, mit kurz gestutzten Haaren, unbeholfen in den Bewegungen und spröde im Umgang. Offenbar hatte sie nicht nur die Begabungen ihrer beiden Eltern, sondern auch deren Schüchternheit übernommen: „Das nach innen gerichtete Wesen ihres Vaters war auch in ihrem Charakter sichtbar, aber mit Ecken und Kanten der mangelnden Sensibilität. Die Haltung anderer nahm sie nicht wahr oder ignorierte sie. Stets hatte sie Schwierigkeiten, Fremde zu begrüßen oder mit ihnen zu sprechen."[3]

Offenbar hatte Irène ein ganz anderes Naturell als ihre jüngere Schwester Eve, die hübsch, graziös und zutraulich war und später einmal Pianistin und dann Journalistin werden sollte. Wohl nicht zuletzt, weil Irène ihrem Vater so sehr ähnelte, entstand schon früh zwischen ihr und ihrer Mutter eine tiefe geistige Beziehung, und Irène wurde bereits in jungen Jahren bald nach Pierre Curies Tod zum wichtigen Gesprächspartner ihrer alleinstehenden Mutter. Will man den Worten der jüngeren Schwester Eve glauben, so hatte die Ältere allerdings auch schon früh das Talent, die Mutter regelrecht zu vereinnahmen:

„Sie ist eine rechte kleine Despotin. Eifersüchtig nimmt sie ihre Mutter in Beschlag und läßt es nur höchst ungern zu, daß sie sich mit der ‚Kleinen' befaßt. Während des Winters fährt Marie kreuz und quer durch Paris, um Renetteäpfel oder Bananen aufzutreiben, die Irène gnädig zu essen geruht."[4]

Nach dem Abitur trat Irène Curie vollends in die Fußstapfen ihrer Mutter. In der Zeit zwischen 1914 und 1920 studierte sie wie einst Marie Curie an der Sorbonne Physik und Mathematik und machte in beiden Fächern ihr Diplom. Nebenbei absolvierte sie eine Sanitätsausbildung und arbeitete während des Krieges viele Monate lang als Krankenschwester in der französischen Armee, wo sie ihrer Mutter beim Röntgen verwundeter Soldaten half.

Schon die Siebzehnjährige zeigte dabei die gleiche physische und psychische Widerstandskraft wie ihre Mutter. Sie mußte nicht nur verwundete, verstümmelte und zum Teil schrecklich leidende Menschen aus nächster Nähe sehen, sondern sich auch im Medizinbetrieb des militärischen Gesundheitswesens behaupten lernen. In den Lazaretten hatte Irène erstmals Gelegenheit, aus der Nähe zu sehen, wie ihre Mutter mit Männern umging.

Am Beispiel ihrer Mutter lernte sie, unter welchen Bedingungen eine Frau einem Mann als gleichberechtigt entgegentreten konnte. Es dauerte nicht lange, und sie wendete erfolgreich an, was sie gelernt hatte: „Bald hatte sie genug Erfahrung, um Militärärzte, die ihre Großväter hätten sein können, nicht nur zu korrigieren, sondern sich auch mit ihnen zu streiten. In einem Lazarett setzte sie sich hin und erteilte einem belgischen Arzt, der die Prinzipien nicht verstand, nach denen die Geschosse mittels des Radiographen im Körper lokalisiert wurden, eine kurze Lektion in elementarer Geometrie."[5]

Als Irène achtzehn wurde, war sie bereits in der Lage, den von Marie Curie initiierten Röntgendienst in einem anglo-kanadischen Hospital in Flandern wenige Kilometer von der Front entfernt selbständig und eigenverantwortlich zu leiten.[6] Später half sie ihrer Mutter bei der Ausbildung von Röntgenpersonal für die wachsende Zahl ambulanter Röntgeneinrichtungen. Zwischen Irène und ihrer Mutter entwickelte sich in den Tagen gemeinsamer Arbeit in den Lazaretten und Hospitälern eine innige Freundschaft: Wenn ihre Mutter allein an die Front fuhr oder sie selbst dort zurückblieb, dann tauschten die beiden Frauen unermüdlich Briefe aus.

Die Verbundenheit von Mutter und Tochter sollte nach dem Krieg durch ihre gemeinsamen Interessen und ihre wissenschaftliche Kameradschaft noch zunehmen und vor allem in Marie Curies Leben eine große Lücke füllen. Irène selbst wuchs mehr und mehr in die Rolle ihres Vaters hinein. Zu ihren Gewohnheiten der Mutter gegenüber gehörte es bald, früh aufzustehen, Frühstück zu machen und es auf einem Tablett in das Schlafzimmer ihrer Mutter zu bringen, wo sie dann in Ruhe über die Arbeit im Laboratorium sprechen konnten, das ihrer beider Leidenschaft war.[7]

Seit 1918 nämlich war Irène Assistentin am Radium-Institut, dem ihre Mutter als Direktorin vorstand, und 1921 begann sie mit eigener wissenschaftlicher Forschung. Ihre erste bedeutende Untersuchung betraf die Schwankungen in der Reichweite der Alphastrahlung des Poloniums. Sie bestimmte die Unterschiede, indem sie die Spuren photographierte, die die Strahlen in einer Wilson'schen Nebel-Kammer bildeten. Die Ergebnisse dieser Arbeit waren Gegenstand ihrer Doktorprüfung im März 1925. Die Achtundzwanzigjährige widmete ihre Dissertation ihrer Mutter – auf dem Deckblatt ihrer Doktorarbeit stand: „Für Madame Curie von ihrer Tochter und Schülerin".

Im Laboratorium beteiligte sich Irène Curie nicht nur an der Forschung, sondern auch am Unterricht. Auf die Studenten muß sie dabei ähnlich rätselhaft gewirkt haben wie einst ihre Mutter, ohne daß, wie seinerzeit bei der jungen Marie Curie, ein zerbrechliches, feminines Äußeres diesen Eindruck hätte mildern können. Auch als Endzwanzigerin war sie im Umgang eher schroff.

„Irène versuchte nie, ihren Eigensinn zu verbergen oder ihre Einstellung zu verschleiern, wenn sie das Gefühl hatte, sie komme ganz gut ohne Gesellschaft zurecht. Es war ihr im Laufe der Jahre nicht leichter geworden, sich in ein Zufallsgespräch hineinziehen zu lassen, und viele Besucher des Laboratoriums wurden von der offensichtlich brüsken Haltung des Mädchens ebenso zurückgestoßen wie sie von der offenkundigen Kälte der Mutter beleidigt waren. Es kam vor, daß Irène mitten in der Unterhaltung mit einem Fremden sich herabbeugte und aus einer verborgenen Tasche an der Innenseite ihres Rockes ein riesiges Taschentuch hervorzog, um sich lautstark die Nase zu putzen und so den perplexen Besucher mitten im Redefluß seines Gesprächs zu unterbrechen."[8]

Schon früh zog Irène Curie das Interesse der Öffentlichkeit auf sich. Auf die Frage einer Journalistin, ob die Laufbahn, die sie sich ausgesucht habe, nicht etwa zu anstrengend für eine Frau sei, antwortete sie im März 1925 selbstbewußt: „Überhaupt nicht. Ich glaube, daß die naturwissenschaftliche Befähigung von Männern und Frauen völlig gleich ist." Allerdings, „eine Frau sollte weiblichen Verpflichtungen entsagen". Familiäre Verpflichtungen immerhin hielt Irène Curie für „möglich, unter der Bedingung, daß sie als zusätzliche Last akzeptiert werden ... Für meinen Teil denke ich, daß die Wissenschaft das erstrangige Interesse in meinem Leben sein wird."[9]

Nur ein Jahr später teilte Irène Curie ihrer Mutter eines Morgens beim Frühstück mit unbewegter Miene mit, daß sie beschlossen habe zu heiraten. Zum Erstaunen ihrer Umgebung war ihr Auserwählter der Physiker Frédéric Joliot, Marie Curies eigener Assistent im Labor, den Paul Langevin empfohlen hatte. Joliot war ein begabter, außergewöhnlich gut aussehender, charmanter junger Mann und fast drei Jahre jünger als Irène Curie. Bereits im Herbst 1926 waren die beiden verheiratet, und viele Beobachter unkten, daß die Verbindung zwischen den so verschiedenen Temperamenten nicht lange halten würde.

Das junge Paar wohnte zunächst bei Madame Curie, und die neue Situation scheint für die Beteiligten offenbar mit Konflikten verbunden gewesen zu sein, wie Irènes Schwester Eve zwischen den Zeilen ihrer Biographie der Mutter spüren läßt:

„Das Leben im Haus war auf den Kopf gestellt! Ein junger Mann tauchte in dem Frauenquartier auf, das mit Ausnahme einiger weniger vertrauter Freunde niemals einen Besuch sah... Marie hatte wohl ihre Freude an dem sichtlichen Glück ihrer Tochter, doch verwirrte es sie, daß sie nicht mehr jede Stunde des Tages mit ihrer Arbeitsgenossin teilen konnte, und sie verbarg nur schlecht ihre geheime Verstörtheit."[10]

Allen Unkenrufen zum Trotz ging die Verbindung zwischen Irène Curie und Frédéric Joliot gut. Er wurde als Mitglied der Familie Curie akzeptiert und verband sogar deren Namen mit seinem eigenen. Einige Beobachter hatten allerdings den Eindruck, daß Marie Curie meinte, damit treibe er die Intimität etwas weit.[11]

In vieler Hinsicht war Frédéric Joliot das genaue Gegenteil seiner Frau, aber ihre Wesensmerkmale ergänzten sich offenbar privat wie auch wissenschaftlich zu einer Einheit. Ihre Ehe entwickelte sich genau wie bei Irènes Eltern zu einer fruchtbaren Forschungsgemeinschaft: Im Jahre 1931 begannen sie ihre ständige Zusammenarbeit über die Phänomene der Atomverwandlung, die ihnen schließlich 1935 den gemeinsamen Chemie-Nobelpreis für die Erzeugung künstlicher radioaktiver Elemente einbrachte. Es war der dritte Nobelpreis für die Familie Curie.

Wie schon 1903 bei Pierre und Marie Curie entstand die mit dem Nobelpreis gekrönte Arbeit in Arbeitsteilung. Dabei übernahm der Physiker Frédéric Joliot die chemische Identifikation der künstlich geschaffenen Radioisotopen, die die Chemikerin Irène Joliot als neuen Typ der Radioaktivität durch Beschuß einer Aluminiumfolie mit Alphastrahlen physikalisch entdeckt hatte.

Marie Curie konnte noch voll Stolz den wissenschaftlichen Aufstieg ihrer Tochter und ihres Schwiegersohns verfolgen: Im Jahre 1932 übertrug sie ihrer Tochter die Leitung des Radium-Instituts, und Mitte Januar 1934 wurde sie Zeugin des ersten geglückten Versuchs, künstliche Radioaktivität zu erzeugen. Daß diese Leistung ein Jahr später eines Nobelpreises für würdig befunden wurde und damit ihren eigenen Erfolg mit Pierre Curie zweiunddreißig Jahre zuvor duplizierte, erlebte sie nicht mehr.

Der Ruhm änderte Irène Joliot-Curie genau so wenig, wie er einst ihre Mutter gewandelt hatte: Sie blieb ihr Leben lang derselbe bescheidene, aufrechte und geradlinige Mensch. Ihre ernste, nachdenkliche Art ließ sie stets ein wenig langsam und hochnäsig erscheinen, doch konnte sie in Gesellschaft ihrer wenigen Freunde durchaus lebhaft wirken.[12] Sie war gern in der freien Natur; sie lief Ski, ruderte, segelte und schwamm, wenn sich ihr in den Ferien die Gelegenheit dazu bot. Im Gebirge unternahm sie lange Wanderungen; sie mußte häufig Kuren dort machen, weil auch sie wie ihre Mutter zur Tuberkulose neigte. Obwohl ihr Hauptinteresse der Wissenschaft galt, hatte sie durchaus eine Faible für die Literatur, hier besonders für Victor Hugo und Rudyard Kipling, von dem sie sogar einige Gedichte ins Französische übersetzte.

Im Laufe ihrer Ehe gewann das Familienleben eine neue Dimension für Irène Joliot: „... mir wurde klar, daß ich, wenn ich keine Kinder hätte, mich nicht damit trösten könnte, jenes wichtige Experiment gemacht zu haben, solange ich noch dazu imstande war."[13] Trotz der vielen Stunden, die sie im Labor verbrachte, war sie eine begeisterte Mutter und widmete ihren Kindern viel Zeit. Beide – sowohl die 1927 geborene Hélène wie auch der 1931 geborene Pierre – wurden später ebenfalls brillante Wissenschaftler und setzten die von den Großeltern begonnene und den Eltern weitergeführte Forschertradition erfolgreich fort: Hélène, die später einen Enkel Paul Langevins heiratete, wurde wie Mutter und Großmutter Nuklearphysikerin, Pierre wandte sich der Biophysik zu.

Irène Joliot-Curie versuchte sich auch in der praktischen Politik. Sie, die einst schon von ihrem Großvater Eugène Curie mit linksliberalem Gedankengut vertraut gemacht worden war und später ihrem Mann in seinen sozialistischen Neigungen folgte, diente 1936 vier Monate lang Léon Blum als Staatssekretär in dessen Volksfrontregierung und war damit die erste Frau in einer französischen Regierung. Ein Jahr später wurde sie zum Professor an der Sorbonne berufen.

Frédéric Joliot verlegte seine Forschungstätigkeit ans Collège de France, wo er ebenfalls 1937 eine Professur erhielt. Er befaßte sich dort vor allem mit dem Prozeß der Kernspaltung und machte dabei wichtige Entdeckungen, die schon frühzeitig auf die Möglichkeit einer Kettenreaktion bei der Kernspaltung des Urannuklids hindeuteten.

Irène Joliot-Curie forschte weiter am Radium-Institut und untersuchte in der Zeit vor dem 2. Weltkrieg hauptsächlich die bei der Bestrahlung mit Neutronen aus dem Urankern anfallenden Produkte. Sie befand sich dabei in guter Gesellschaft: Der italienische Physiker Enrico Fermi hatte sich zuvor mit dieser Frage beschäftigt, und auch Otto Hahn und Lise Meitner in Berlin forschten darüber.

In der Zeit nach der deutschen Invasion in Frankreich blieb Irène Joliot-Curie mit den übrigen Wissenschaftlern in ihrem Laboratorium. Erst 1944 – wenige Monate vor der Befreiung von Paris – wurde sie von der kommunistischen Widerstandsbewegung zusammen mit ihren Kindern außer Landes in die Schweiz gebracht. Man befürchtete Repressalien gegen sie wegen der Tätigkeit ihres Mannes als Widerstandskämpfer im Untergrund.

1946 – ein Jahr nach Kriegsende – wurde Irène Joliot-Curie zur Direktorin des Radium-Instituts berufen, das gut drei Jahrzehnte zuvor für ihre Mutter geschaffen worden war und das sie bereits seit 1932 leitete. In den nächsten vier Jahren war sie außerdem einer der Direktoren der Französischen Atomenergiekommission, die Frédéric Joliot als Hoher Kommissar leitete. In diesen Jahren gehörte das Ehepaar Joliot-Curie nicht nur zur wissenschaftlichen, sondern auch zur politischen Prominenz Frankreichs. Beide wurden in ihren politischen Ämtern das Opfer ihrer linken Überzeugung: Sie wurden 1950 wegen kommunistischer Tätigkeit aus der Atomenergiekommission entlassen.

Irène Joliot-Curies Tatendrang bremste das keineswegs: Sie kümmerte sich nun mit verstärktem Einsatz um den Bau neuer, großer Laboratorien des Radium-Instituts in Orsay, einem südlichen Vorort von Paris. Ihre verbleibende Zeit widmete sie pazifistischen Frauenbewegungen.

Irène Joliot-Curie wurde nur 58 Jahre alt. Sie starb am 17. März 1956 in Paris – wie ihre Mutter an akuter Leukämie und damit an den Folgen der Strahlen, denen sie sich viele Jahre lang unzureichend geschützt ausgesetzt hatte, zuerst als Röntgenschwester im 1. Weltkrieg und dann bei ihrer Forschungsarbeit im Labor, als die Gefahren der Radioaktivität noch längst nicht in ihrem ganzen Ausmaß erkannt waren.

Gerty Theresa Cori
Medizin-Nobelpreis 1947

Die erste Frau, die einen Medizin-Nobelpreis erhielt, war im Jahre 1947 die Austro-Amerikanerin Gerty Theresa Cori. Die fünfzig Medizin-Nobelpreise zuvor hatten ausschließlich männliche Wissenschaftler bekommen. Es war zugleich der 1. weibliche Nobelpreis für die USA. Wie ihren beiden Nobelpreis-Vorgängerinnen, Mutter und Tochter Curie, wurde Gerty Cori der Preis zusammen mit ihrem Ehemann, dem Arzt und Pharmakologen Carl Ferdinand Cori, zugesprochen, und zwar für die gemeinsame „Entdeckung der katalytischen Umsetzung von Glykogen". Fünfundzwanzig Jahre lang hatte das Ehepaar Cori den Kohlenhydratstoffwechsel und die Funktionen der Enzyme in tierischem Gewebe studiert, u. a. den Auf- und Abbau des Glykogens im Muskel von Kaninchen. Die Coris, die 1928 in den USA naturalisiert worden waren, teilten sich in die eine Hälfte des Medizin-Nobelpreises 1947. Die andere Hälfte bekam der Argentinier Alberto Bernardo Houssay für seine „Entdeckung der hormonellen Bedeutung des vorderen Hypophysenlappens für den Zuckerstoffwechsel", eine Entdeckung, die in engem Zusammenhang mit der Arbeit der Coris steht.

Von ihrer gemeinsamen Arbeit wie auch ihrer Biographie her dürfen Gerty und Carl Cori wohl als das am längsten und am engsten verbundene Forscher-Ehepaar unter allen Nobelpreisträger-Paaren gelten: „Es wäre unmöglich, Gerty Coris Beiträge zur Wissenschaft von denen Carl Coris zu trennen, da sie seit ihrer ersten gemeinsamen Publikation stets zusammen arbeiteten."[1] Ihre medizinische und physiologische Ausbildung befähigte Gerty und Carl Cori, Prozesse auf der molekularen Ebene mit den Vorgängen im Organismus in Verbindung zu setzen. Dank ihrer Kenntnisse in Physik und Chemie gelangen ihnen Pionierleistungen auf dem Gebiet der biochemischen Dynamik.

Gerty Theresa Cori

Gerty und Carl Cori arbeiteten nur in der Grundlagenforschung. Die Anwendung ihrer Erkenntnisse überließen sie anderen Wissenschaftlern.

Die Coris waren etwa gleich alt. Gerty Theresa Cori, die älteste von drei Töchtern, wurde als Gerty Theresa Radnitz am 15. August 1896 in Prag geboren, ihr späterer Mann Carl Ferdinand Cori am 5. Dezember 1896 ebenfalls in Prag. Als Zweijähriger ging er mit seiner Familie nach Triest ans andere Ende der damaligen österreichisch-ungarischen Donaumonarchie. Zum Studium kehrte Carl Cori später nach Prag zurück, woher auch seine Familie stammte.

Gerty Radnitz' Vater leitet eine Zuckerraffinerie. Er hatte seine älteste Tochter nach einem österreichischen Kriegsschiff benannt und ließ sie, wie damals für Töchter aus besseren Familien üblich, bis zum Alter von zehn Jahren daheim unterrichten. Anschließend wurde sie aufs Mädchen-Lyzeum geschickt, wo sie 1912 ihre Abschlußprüfung bestand. Zur Universitätszulassung für das zunächst geplante Chemie-Studium reichte dieser Abschluß allerdings noch nicht. Sie mußte zusätzlich das Abitur machen, das sie am Prager Tetschen-Gymnasium ablegte. 1914 ließ sie sich an der Medizinischen Fakultät der Deutschen Universität von Prag einschreiben und erwarb dort sechs Jahre später, im Januar 1920, ihren medizinischen Doktorgrad.[2]

Schon zu Beginn ihres Studiums lernte Gerty Radnitz, eine attraktive Rothaarige, ihren späteren Mann kennen. Er studierte im gleichen Semester Medizin wie sie selbst. Auch Carl Cori war sehr glücklich über die Begegnung. Er schilderte später, daß es ihm genau aus diesem Grund an der Universität Prag so gut gefiel: „Ich hatte eine Kommilitonin getroffen, eine junge Frau, die Charme, Lebensfreude und Intelligenz hatte und die freie Natur liebte – Eigenschaften, die mich sofort anzogen. Es folgte eine sehr angenehme Zeit, in der wir zusammen planten und studierten, Ausflüge aufs Land machten oder zum Skilaufen gingen".[3]

Das junge Glück wurde im dritten Studienjahr abrupt unterbrochen, als Cori im 1. Weltkrieg in die österreichische Armee eingezogen wurde. Er kehrte 1918 nach Prag zurück und legte dort 1920 sein medizinisches Staatsexamen ab. Weil er weiter wissenschaftlich arbeiten wollte, ging er nach Wien, wo er seine Zeit zwischen dem Laboratorium der Klinik für Innere Medizin und dem Institut für Pharmakologie an der Universität teilte. Am 5. August 1920 heirateten Carl Cori und Gerty Radnitz in Wien.

Nach ihrer Heirat arbeitete die junge Frau Cori zwei Jahre lang in Wien bis zur Facharztausbildung am Karolinen Kinderspital. Eine Zeitlang sah es so aus, als würde sie Kinderärztin werden – sozusagen aus Familientradition, denn ein Onkel mütterlicherseits lehrte als Professor für Pädiatrie an der Universität Prag.

Was die klinische Medizin anbetraf, so waren beide Coris allerdings bald durch den Zynismus und das mangelnde Arbeitsethos ihrer Umgebung desillusioniert. Sie fragten sich, ob der Arztberuf für sie das Richtige sei, und verspürten immer stärker den Wunsch, in die Forschung zu gehen. Die Chance, eine bezahlte Stelle an einem Universitätsinstitut oder in einem Forschungslabor zu finden, war damals jedoch extrem gering. Schon im Krankenhaus gab es kein Gehalt für junge Assistenzärzte in der Ausbildung, sondern lediglich eine warme Mahlzeit pro Tag. Es war eine wirtschaftlich schlimme Zeit im Nachkriegs-Österreich und fast jeder dort litt unter Hunger. Gerty Cori wurde denn auch in Wien sehr krank. Sie bekam eine Xerophtalmie, eine Vitamin-A-Mangel-Krankheit, bei der die Bindehaut und die Hornhaut des Auges austrocknen. Die Symptome konnten erst geheilt werden, als Gerty Cori nach Prag zurückkehrte, wo die Ernährung besser war.[4]

Angesichts der harten Existenzbedingungen in Europa beschlossen die Coris im Jahre 1922, nach Übersee zu gehen. Carl Cori war es gelungen, am Staatsinstitut für Krebsforschung in Buffalo im Staate New York eine Anstellung am Institut für Pharmakologie zu finden. Das Institut war gut ausgestattet und bot völlige Freiheit in der Wahl von Forschungsthemen. Verlangt wurde lediglich eine gewisse Routine-Arbeit. Gerty Cori kam ein halbes Jahr nach ihrem Mann in die Vereinigten Staaten und wurde in Buffalo der Pathologischen Abteilung eher als gehobene Laborantin denn als Wissenschaftlerin zugewiesen. Sie mußte dort vor allem mikroskopische Routine-Untersuchungen erledigen, z. B. die Analyse von Stuhlproben. Sie war damit nicht ausgefüllt und beteiligte sich deshalb an den Forschungen ihres Mannes. Schon in ihrer Studentenzeit hatte sie begonnen, mit ihrem Mann gemeinsam zu forschen und mit ihm zusammen einen ersten Beitrag zur Kenntnis über das menschliche Blut veröffentlicht. Genau wie Carl Cori interessierte sich Gerty Cori besonders für biochemische Themen.

Als die institutsübergreifende Kooperation der Coris in Buffalo entdeckt wurde, drohte man Gerty Cori mit der Kündigung, wenn sie ihr Treiben nicht ließe. Von da an erledigte Frau Cori nicht nur ihre Routinearbeit, sondern auch ihre illegale Nebentätigkeit bloß noch mit dem Mikroskop, was nicht weiter auffiel. Schon 1923 veröffentlichte sie das Ergebnis – eine Untersuchung über den Einfluß von Schilddrüsenextrakt und Thyroxin auf die Rate der Vermehrung von Pantoffeltierchen.[5] Damit war der Sturm wegen ihrer gemeinsamen Arbeit ausgesessen, und von da ab konnten die Coris in Buffalo nach Belieben gemeinsam interessierende Probleme bearbeiten.

Nur noch ein einziges Mal wurde Gerty und Carl Cori ihre wissenschaftliche Zusammenarbeit streitig gemacht: Als Carl Cori einen gut dotierten Posten von einer Nachbaruniversität angeboten erhielt, sollte er dort auf die Kooperation mit seiner Frau verzichten. Er lehnte diese Auflage als unzumutbar ab und blieb auch künftig bei seiner Meinung. Er schränkte damit seine beruflichen Möglichkeiten sehr ein, denn viele Universitäten hatten damals wie auch heute Regelungen gegen die Beschäftigung von zwei Mitgliedern aus derselben Familie. Gerty Cori wurde in diesem Zusammenhang vorgeworfen, daß sie ihrem Mann mit ihren Wünschen nach Zusammenarbeit hinderlich im Wege stünde. Noch als Mittdreißigerin und gestandene Wissenschaftlerin fühlte sie sich damals bei dem Vorstellungsgespräch ihres Mannes derart unter Druck gesetzt, daß sie in Tränen ausbrach. Man hatte ihr erklärt, daß es unamerikanisch für einen Mann sei und für seine Karriere hinderlich, mit seiner Frau zusammenzuarbeiten.[6]

Die Coris ergänzten einander offenbar perfekt. Wer sie zusammen sah, hatte den Eindruck, daß jeder von ihnen beiden im Unterbewußtsein stets ahnte, was der andere gerade dachte. Evarts Graham, der Sohn eines Kollegen der Coris, beschrieb das so: „Ihre geistigen Prozesse greifen ineinander, sodaß sie gemeinsam denken und sprechen. Wenn der eine einen Gedanken formuliert, dann nimmt der andere ihn auf, entfaltet ihn und schmückt ihn aus, um ihn schließlich an den ersten zurückzureichen, damit der ihn weiter ergänzen kann ... Ihre wissenschaftliche Arbeit vollzieht sich auf dieselbe Weise. Gemeinsam diskutieren sie ihre Experimente und entscheiden, wie zu interpretieren ist, was sie gesehen haben. Wenn sie eine ihrer gelegentlichen Meinungsverschiedenheiten über einen wissenschaftlichen Punkt austragen, dann bleibt es – anders als bei den meisten Forschungsteams – vorteilhafterweise in der Familie."[7]

Dennoch gestand Carl Cori später, daß die wissenschaftliche Kooperation unter Eheleuten nicht immer einfach ist: „Es ist eine delikate Angelegenheit, die viel Nehmen und Geben auf beiden Seiten verlangt und gelegentlich zu Reibereien führt, wenn beide gleichberechtigte Partner sind und nicht von ihrem Standpunkt weichen wollen."[8] Basis der letztlich doch wohl harmonischen wissenschaftlichen Zusammenarbeit der Coris war sicher ihre glückliche private Verbindung, die auch alle sonstigen Interessen teilte, so die Liebe zu Kunst, Musik, Literatur und zum Sport.

Die neun Jahre in Buffalo waren für Gerty Cori in vieler Hinsicht wichtig. Sie boten ihr Gelegenheit, in der Forschung Fuß zu fassen. Zugleich konnte sie sich auf das amerikanische Leben einstellen und Land und Leute kennenlernen. Schon bevor sie 1931 ihrem Mann als biochemische Forschungsassistentin an den Fachbereich für Pharmakologie der Medizinischen Fakultät der Washington Universität nach St. Louis in Missouri folgte, konzentrierte sich ihre Arbeit nicht mehr wie anfangs in den USA auf die Untersuchung von Zucker im Kohlenhydrat-Stoffwechsel von Tieren, sondern auf die mikrobiologische Analyse einzelner Gewebe. Später studierte Gerty

Cori Gewebeteile und schließlich isolierte sie Enzyme. 1936 gelang es ihr, Glukose-I-Phosphat aus besonders aufbereiteten Froschmuskeln zu isolieren. Das führte dazu, die Aktivität eines Enzyms zu erkennen, das „Phosphorylase" genannt wurde. 1943 ließ sich Phosphorylase aus Kaninchen-Muskeln kristallisieren. Später glückte die Kristallisation auch bei anderen Enzymen.[9]

Die Zeit bis zum 2. Weltkrieg und die Jahre danach waren für die Coris eine wissenschaftlich sehr produktive Phase. Auch privat war es eine sehr glückliche Zeit: Im August 1936 kam Gerty Coris Sohn Carl Thomas auf die Welt. Er wurde im heißesten Sommer geboren, der je im amerikanischen Mittelwesten gemessen wurde. Gerty Cori war damals knapp vierzig Jahre alt, und sie arbeitete bis zur letzten Minute, bis die Wehen einsetzten, im glühend heißen Labor. Es war genau die spannende Phase, in der die Coris Glykose-I-Phosphat entdeckten, ein Zwischenprodukt beim Aufbau des Glykogens, das ihnen zu Ehren den Namen „Cori-Ester" erhielt. Die Pflichten der Mutterschaft unterbrachen Frau Coris wissenschaftliche Arbeit nicht.

Bis Gerty Cori akademisch anerkannt wurde, sollten allerdings noch Jahre vergehen. Erst 1947 – im Alter von 51 Jahren, nachdem sie 16 Jahre lang in St. Louis als gering bezahlte Forschungshilfskraft gearbeitet hatte – erhielt sie an der dortigen Washington-Universität eine eigene Professur für Biochemie. Sie behielt diese Stellung bis zu ihrem Tod zehn Jahre später. Im gleichen Jahr 1947 bekam Gerty Cori zusammen mit ihrem Mann den Nobelpreis für Medizin.

1947 war übrigens auch das Jahr, in dem die dreizehn Jahre jüngere italienische Medizinerin Rita Levi-Montalcini dem Ruf Victor Hamburgers an sein Labor im Fachbereich für Zoologie an die Washington-Universität nach St. Louis folgte. Ihre Arbeit über Nervenwachstumsfaktoren, die 1986 – 39 Jahre nach Gerty Cori – mit dem Medizin-Nobelpreis bedacht wurde, machte sie gleichfalls in St. Louis und erhielt dort 1958 eine eigene Professur, in der sie bis zur Emeritierung blieb. Leider waren keine Hinweise zu erhalten, ob und wenn ja, wie gut sich Gerty Cori und Rita Levi-Montalcini gekannt haben, nachdem sie immerhin zehn Jahre lang an der gleichen Universität, wenn auch in verschiedenen Fachbereichen und in unterschiedlicher Stellung in der Hierarchie arbeiteten.

Genau auf dem Höhepunkt ihrer Karriere – wenige Wochen, bevor sie mit ihrem Mann zur Nobelpreis-Verleihung nach Stockholm reiste, ihr elfjähriger Sohn Tommy blieb daheim, – stellten sich bei Gerty Cori erste fatale gesundheitliche Probleme ein. Während einer Bergtour in der Gegend von Aspen in Colorado merkte sie, daß ihr die Höhe stark zu schaffen machte und sie schlimme Atembeschwerden bekam. Grund dafür war eine Myelofibrose, eine seltene Blutkrankheit, die zu Leukämie führt. Gerty Cori sollte noch zehn Jahre mit dieser Krankheit leben, aber ihr Zustand verschlimmerte sich in den folgenden Jahren zusehens. Dennoch trug sie ihr Leiden mit großer Tapferkeit und fast übermenschlichem Willen, ohne in ihren wissenschaftlichen Interessen nachzulassen. In ihren letzten Lebensjahren gelang ihr eine weitere bedeutende Entdeckung – die enzymatischen Fehlstellen bei verschiedenen Formen krankhafter Veränderungen der Gykogenspeicherung bei Kindern. Sie zeigte, daß ein enzymatischer Defekt erblich sein kann.

Gerty Cori starb am 26. Oktober 1957, gerade 61 Jahre alt, an Nierenversagen. Nachrufe preisen sie als außergewöhnlich warmherzige, hochgebildete Frau und zugleich als sehr professionelle Wissenschaftlerin: „Sie bestand auf dem Handwerklichen als gesunder Grundlage wissenschaftlicher Arbeit. Sie duldete keine Mittelmäßigkeit und keine leichten Zugänge in der Wissenschaft. Das beweisen die hohen Anforderungen, die sie an ihre eigene Arbeit stellte."[10]

Gerty Coris wissenschaftliche und persönliche Philosophie ist auf einer Schallplattenserie mit dem Titel „This I believe" erhalten. Sie sagt dort: „Ehrlichkeit, die meist für geistige Integrität steht, Mut und Freundlichkeit sind immer noch Tugenden, die ich bewundere, obwohl sich im Laufe der Zeit der Nachdruck leicht verschoben hat und mir heutzutage Freundlichkeit wichtiger erscheint als in meiner Jugend. Die Liebe zur

Arbeit und die Hingabe daran erscheint mir die Grundlage dafür, glücklich zu sein. Für einen Forscher sind die unvergessenen Momente seines Lebens diese seltenen, die nach Jahren mühsam sich dahinschleppender Arbeit kommen, wenn sich der Schleier über dem Geheimnis der Natur plötzlich hebt und wenn das, was dunkel und chaotisch war, in klarem Licht und schönster Struktur erscheint."[11]

Maria Göppert-Mayer
Physik-Nobelpreis 1963

Mehr als fünf Dutzend Naturwissenschaftler aus Deutschland sind mit dem Nobelpreis geehrt worden. 1995 ist erstmals eine Frau darunter gewesen. Die einzige Nobelpreisträgerin davor, die wenigstens in Deutschland geboren wurde, ist Maria Göppert-Mayer. Zusammen mit dem Heidelberger Physik-Professor Hans D. Jensen teilte sich die eingebürgerte Amerikanerin 1963 eine Hälfte des Physik-Nobelpreises.[1] Belohnt wurden damit die Arbeiten der beiden Forscher über die Schalenstruktur des Atomkerns, die eine Deutung der Stabilität von Atomkernen bei bestimmten Nukleonen-Zahlen, den sogenannten „magischen Zahlen", erlaubten.

Maria Göppert-Mayer war die zweite und bislang letzte Wissenschaftlerin nach Marie Curie, die einen Physik-Nobelpreis bekam. Frau Göppert-Mayer war zum Zeitpunkt der Preisverleihung 57 Jahre alt und arbeitete bereits seit dreißig Jahren in den USA, wo vierzehn Jahre zuvor ihre preiswürdige Arbeit entstanden war. Die deutsche Heimat der Laureatin hat gleichwohl ihren Weg in die amerikanische Physik vorgezeichnet.

Maria Göppert, am 28. Juni 1906 in Kattowitz in Oberschlesien geboren, zog als Dreijährige mit ihren Eltern nach Göttingen, wo ihr Vater an der Universität Kinderheilkunde lehrte und die dortige Kinderklinik leitete. Die spätere Physikerin, die väterlicherseits aus einer alten Gelehrtenfamilie stammte, die mit ihr die siebte Generation von Universitätsprofessoren in unmittelbarer Folge hervorgebracht hat, lebte während ihrer ganzen Kindheit und Jugend in Göttingen. Sie war das einzige Kind des Ehepaars Göppert und der erklärte Liebling ihres Vaters. Schon früh erkannte der ihre außerordentliche Begabung und war berechtigt stolz auf sie.[2]

„Misi", wie sie von ihren Freunden genannt wurde, besuchte neun Jahre lang die Göttinger Luisenschule und bestand nach drei weiteren Jahren einer weiterführenden Schule ihr Abitur mit Auszeichnung. Der Weg zum Abitur war für sie nicht leicht. Denn es gab zu dieser Zeit in Göttingen nur eine einzige private Schule, die Mädchen auf die Reifeprüfung vorbereitete, und diese Schule ging während der Inflation bankrott und schloß ihre Tore. Zwar unterrichteten die Lehrer weiter, aber Maria Göppert mußte ihre Abiturprüfung 1924 im benachbarten Hannover ablegen, „examiniert von Lehrern, die sie nie zuvor gesehen hatte".[3] Welche Besonderheit das Abitur für Mädchen in Deutschland damals noch war, geht daraus hervor, daß nur vier weitere Schülerinnen unter mehreren hundert Göttinger Abiturienten 1924 zusammen mit Maria Göppert die Reifeprüfung machten.[4]

Daß sie nach dem Abitur studieren würde, stand für die Achtzehnjährige und ihre Eltern fest, ohne daß je darüber gesprochen worden wäre. Später erzählte Maria Göppert: „Schon immer, seit ich ein sehr kleines Kind war, wußte ich, daß von mir, wenn ich erwachsen war, erwartet würde, daß ich eine Ausbildung oder Erziehung erwerben würde, die mich befähigte, meinen Lebensunterhalt selbst zu verdienen, so daß ich nicht von einer Heirat abhinge."[5]

Die Abiturientin wandte sich den Naturwissenschaften zu – in der damaligen Zeit für ein Mädchen noch immer ein ungewöhnlicher Schritt. Noch im Jahre 1924 schrieb sie sich an der Göttinger Universität ein. Sie wollte zunächst Mathematik studieren, wählte dann aber die Physik. Just zu dieser Zeit entstand in Göttingen durch Beiträge von Max Born, Werner Heisenberg und Pascal Jordan die neue Quantentheorie. Maria Göppert fühlte sich vor allem von diesem Gebiet angezogen, das damals „jung und aufregend war", wie sie viele Jahre danach resümierte.[6]

Mit Ausnahme eines Studiensemesters im englischen Cambridge blieb Maria Göppert bis zu ihrer Promotion im Jahre 1930 in Göttingen, das zu dieser Zeit ein glanzvolles Zentrum der Naturwissenschaften war. Ihre Doktorarbeit schrieb sie bei

Maria Göppert-Mayer

dem Göttinger Ordinarius für Theoretische Physik Max Born, dem Lehrer einer ganzen Generation hochkarätiger Physiker, der im Jahre 1954 selbst einen Physik-Nobelpreis erhielt. Die Rigorosum-Prüfung machte Maria Göppert u.a. bei dem Experimentalphysiker James Franck, dem Physik-Nobelpreisträger von 1925, und im Nebenfach Chemie bei Alfred Windaus, dem Chemie-Nobelpreisträger des Jahres 1927.

Trotz ihrer großen naturwissenschaftlichen Begabung war Maria Göppert offenbar kein nur „wissenschaftlicher" Typ: Sie verkehrte in einem ausgesuchten Kreis junger Akademiker, zu denen viele spätere Berühmtheiten in den Naturwissenschaften gehörten, und liebte Geselligkeiten, wie sie auch im Haus ihrer Eltern öfter stattfanden.

Kurz vor ihrer Promotion lernte sie den amerikanischen Rockefeller Stipendiaten Dr. Joseph Edward Mayer kennen, der im Laboratorium von James Franck arbeitete. Sie heiratete ihn im Jahre 1930 kurz nach ihrem Doktorexamen und ging mit ihm nach Baltimore, wo Mayer eine Anstellung an der hervorragenden Johns Hopkins-Universität, dem Modell so vieler anderer amerikanischer Elite-Hochschulen, gefunden hatte.

Es war die Zeit der großen Wirtschaftsdepression, und als Frau, noch dazu als Ehefrau eines Professors, hatte Maria Göppert-Mayer keinerlei Chance, eine eigene bezahlte akademische Stelle zu finden. Sie blieb trotzdem der Physik treu – sie arbeitete freiwillig und unentgeltlich weiter, „aus dem bloßen Vergnügen heraus, Physik zu betreiben", wie sie selbst später sagte.[7]

In Baltimore wurden Maria Göppert-Mayers beide Kinder geboren, die Tochter Marie Ann, die später Astronomie studierte, und der Sohn Peter Conrad, der Professor für Wirtschaftswissenschaften wurde. Die wachsende Familie machte für die berufstätige Mutter Hilfe von außen nötig. Auch wenn die Ehefrau und Mutter ohne Bezahlung beruflich arbeitete, sahen die Mayers die zusätzlichen Ausgaben für ein Hausmädchen keineswegs als Geld an, das sie zum Fenster hinauswarfen: „Wir betrachteten die Kosten einer Teilzeit-Haushaltshilfe als Versicherung – Versicherung für mich für den Fall des Todes meines Mannes."[8]

Trotz ihrer Familienpflichten entwickelte Maria Göppert-Mayer in Baltimore neue wissenschaftliche Interessen: Unter dem Einfluß ihres Mannes und seines Kollegen Karl F. Herzfeld spezialisierte sie sich im Laufe der Zeit in physikalischer Chemie. Sie veröffentlichte zusammen mit Herzfeld und ihrem Mann mehrere Abhandlungen und begann damit, über die Farbe und die Absorptionsspektren organischer Moleküle zu arbeiten.

Im Jahre 1939 erhielt Joseph Mayer einen Ruf an die angesehene Columbia University in New York. Maria Göppert-Mayer lehrte ein Jahr lang als Dozentin am Sarah Lawrence College und arbeitete dann am Strategic Alloy Metals Laboratory, das geheime Kriegsarbeit leistete und im Rahmen des Manhattan-Projekts die damals hochwichtige Atombombenentwicklung vorantrieb. Unter Leitung von Laboratoriumschef Harold Clayton Urey, der übrigens Chemie-Nobelpreisträger von 1934 war, beschäftigte sich Maria Göppert-Mayer mit eher ungewöhnlich anmutenden Seitenaspekten der Isotopenforschung. So mußte sie beispielsweise die Möglichkeit untersuchen, Isotopen durch photochemische Reaktionen zu trennen. Es kam nicht zur Anwendung dieses Verfahrens. Über den Wert ihrer damaligen Tätigkeit spottete Maria Göppert-Mayer später: „Das war hübsche, saubere Physik, obwohl sie bei der Trennung von Isotopen in keiner Weise half."[9]

Offenbar blieb in diesen Jahren wissenschaftlich noch Zeit für anderes: 1940 veröffentlichte Maria Göppert-Mayer zusammen mit ihrem Mann ein Lehrbuch über „Statistische Mechanik".

Nach Kriegsende im Jahre 1946 zog das Ehepaar Mayer weiter nach Chicago, wo sich bald auch andere prominente Mitarbeiter am ehemaligen Manhattan-Projekt einfanden. Die Universität Chicago war das Zentrum und die Wiege der Kernphysik. Hier war das Fach in den dreißiger Jahren entstanden, hier war während des Krieges das geheime Atomprojekt SAM gelaufen, hier war der erste Reaktor gebaut worden, mit dem 1942 erstmals eine kontrollierte und sich selbst erhaltende Kernkettenreaktion gelang. Auch im Jahrzehnt nach dem 2. Weltkrieg blieb Chicago der kreativste Platz für Kernforscher überhaupt und bot Wissenschaftlern dieser Fachrichtung eine unglaublich anregende Atmosphäre. Die Kernphysik, die im Krieg dort mit Blick auf die praktische Anwendung geblüht hatte, boomte nach dem Krieg offen weiter, als man sich mit großer Verve den bis dahin vernachlässigten Grundlagenproblemen zuwandte.

Für Maria Göppert-Mayer war Chicago der erste Ort, wo sie „nicht als lästiges Anhängsel betrachtet, sondern mit offenen Armen begrüßt wurde".[10] Plötzlich war sie – wenn auch unbezahlt – Professor im Fachbereich Physik und konnte im Institut für Kernphysik und zugleich im neu gegründeten Argonne National Laboratory vor den Toren der Stadt arbeiten.

Das Argonne National Laboratory, in den Wäldern von Illinois gelegen, ist ein nationales Laboratorium der amerikanischen Atomenergie-Behörde, betrieben von der Argonne Universitäts-Gesellschaft und der Universität von Chicago. Damals wurden dort Pionierarbeiten geleistet. Seit der Entwicklung der friedlichen Nutzung der Kernenergie z. B. wurden dort Reaktortypen entwickelt.

Die anfängliche Sorge von Maria Göppert-Mayer, für ihre neuen Aufgaben zu wenig von der Kernphysik zu verstehen, legte sich schnell. Offenbar gelang es ihr bald, ihre Lücken zu füllen. Sie erinnerte sich später gern an diese Zeit: „In der Atmosphäre von Chicago war es ziemlich leicht, Kernphysik zu lernen. Zu einem großen Teil verdanke ich das den sehr vielen Diskussionen mit Edward Teller und besonders mit Enrico Fermi, der stets geduldig und hilfsbereit war."[11] Maria Göppert-Mayer muß eine gelehrige Schülerin gewesen sein, denn zumindest von Enrico Fermi ist bekannt, daß er durchaus nicht mit jedem redete...

Frau Göppert-Mayer kannte allerdings Fermi schon seit vielen Jahren. Fermis Frau Laura nennt die Mayers in ihrem Buch „Atoms in the Family" „unsere Freunde" und erzählt, wie sie das Paar kennengelernt hat: „Wir trafen die Mayers erstmals 1930 in Ann Arbor, als wir auf unserem ersten Besuch in Amerika waren. Sie waren damals frisch verheiratet; Joe ein großer, blonder amerikanischer Junge; Maria ein mittelgroßes, deutsches Mädchen aus Göttingen, wo sie einander begegnet waren und geheiratet hatten. Beide waren Wissenschaftler, er Chemiker, sie Physikerin. Weil Joe Ende 1939 an die Columbia University gegangen war, hatten sie ein Haus in Leonia gekauft und waren dort etwa zur selben Zeit wie wir hingezogen."[12]

Die Mayers und die Fermis verstanden sich offenbar ungewöhnlich gut und teilten viele Sorgen und Nöte. So spielten sie mit dem Gedanken, gemeinsam die Vereinigten Staaten zu verlassen und auf eine einsame Insel in der Südsee auszuwandern, wenn sich der Nazismus auch in Amerika ausbreiten sollte. Was sich bei Laura Fermi eher komisch liest, zeugt von dem beeinträchtigten Lebensgefühl dieser europäischen Emigranten-Generation: „Während der vielen Abende, die wir mit den Mayers verbrachten zwischen der Okkupation Frankreichs und Amerikas Eintritt in den Krieg, machten wir zusammen Pläne. Zwischen einem philologischen Streitgespräch über den Ursprung irgendeines englischen Wortes und einem Ratschlag zum Gärtnern, den die Mayers den Fermis gaben, bereiteten wir uns darauf vor, moderne Robinson Crusoes auf irgendeiner verlassenen Insel zu werden. Wir machten Pläne, so gründlich überlegt in der Theorie, so sorgfältig ausgearbeitet in allen Details, wie es von einer Gruppe von Leuten erwartet werden durfte, die zwei theoretische Physiker und einen praktischen, amerikanisch erzogenen Chemiker einschloß. Joe Mayer sollte der Kapitän zur See werden, eine Rolle, in der er nicht übermäßig erfahren war. Enricos Kenntnis von Strömungen, Gezeiten und Sternen würde helfen. Sein Entzücken bei der Aussicht, mit Kompaß und Sextant zu experimentieren, war ermutigend. Dennoch meinte Joe, wir sollten bei erstbester Gelegenheit die Schiffahrt in den Gewässern von Florida einüben. In der Zwischenzeit gab es viel, was wir tun konnten. Maria Mayer und Enrico konnten beraten und entscheiden, welcher Teil unserer Zivilisation es wert war, gerettet zu werden. Maria sollte die dazu am besten geeigneten Bücher sammeln."[13]

Intensiv und persönlich wurde in diesen Jahren auch Maria Göppert-Mayers Beziehung zu Edward Teller, dem „Vater der Wasserstoffbombe". Mit ihm wechselte sie in den Jahren 1939 bis 1971 unzählige Briefe.[14] In ihrem Nachlaß erhalten ist

Tellers meist handschriftliche Post, die zwar auch aktuelle politische Ereignisse reflektiert, aber vorwiegend privaten, nicht selten familiären Inhalt hat und die Physik nur am Rande streift.

Im Jahre 1948 begann Maria Göppert-Mayer über sogenannte „magische" Zahlen zu arbeiten, sich also mit jenen Atomkernen zu beschäftigen, in denen eine spezielle, als „magisch" bezeichnete Zahl von Protonen beziehungsweise Neutronen vorkommt. Mit modernen mathematischen Methoden der Gruppentheorie entwickelte sie ein neues Klassifikationsschema für die Atomkerne und ihre wichtigsten Eigenschaften. In diesem Zusammenhang postulierte sie das „Schalenmodell", das die Systematik der Atomkerne, z. B. des Kernspins und der magnetischen Momente zutreffend beschreibt.[15]

Im Schalenmodell wird angenommen, daß die Nukleonen im Kern – so ähnlich die Elektronen in der Atomhülle – auf ganz bestimmten stabilen Bahnen, die auch „Schalen" genannt werden, angeordnet sind. Bei bestimmten Protonen- bzw. Neutronenzahlen ist jeweils eine Schale gerade vollständig gefüllt. Derartige Kerne sind besonders stabil. Deshalb muß das nächste Proton oder Neutron in die nächsthöhere Schale eingeordnet werden, in der es schwächer an die übrigen Nukleonen gebunden ist. Bei einem stabilen Kern sind die verschiedenen Schalen voll mit Nukleonen besetzt.

Zur selben Zeit wie Maria Göppert-Mayer, aber unabhängig von ihr entwickelten Hans Jensen, Otto Haxel und Hans Suess in Deutschland das Schalenmodell des Atomkerns. Hans Jensen traf Maria Göppert-Mayer dann 1950 persönlich. Wenig später schrieben die beiden ursprünglichen Konkurrenten, die gut ein Jahrzehnt danach gemeinsam Nobelpreisträger werden sollten, zusammen ein Buch über ihr Thema. Es ist 1955 erschienen, sein Titel: „Elementare Theorie der nuklearen Schalenstruktur". Die von Maria Göppert-Mayer und Hans Jensen vorhergesagten Gesetzmäßigkeiten wurden später durch Beobachtungen und Experimente voll und ganz bestätigt. Das theoretische Konzept war dabei ein wichtiger Schritt.

Im Jahre 1960 ging das Ehepaar Mayer nach La Jolla, San Diego, an die Universität von Kalifornien. Dort erhielt Frau

Göppert-Mayer ihre erste reguläre akademische Anstellung als Professorin für Physik. Sie blieb zwölf Jahre lang in dieser Position – bis zu ihrem Tod. 1963 bekam sie den Physik-Nobelpreis – vierzehn Jahre nach ihrer großen Entdeckung des Schalenmodells seinerzeit in Chicago. Der Preis wurde zum Höhepunkt ihrer wissenschaftlichen Karriere. Ihm folgten eine Reihe von Ehrendoktorhüten amerikanischer Colleges.

In San Diego engagierte sich Maria Göppert-Mayer zunehmend in der Öffentlichkeit für das naturwissenschaftliche Frauenstudium und ermutigte junge Frauen, ihren Weg in die Naturwissenschaften zu suchen. In einem Vortrag in Japan 1965 sagte sie: „Die Naturwissenschaften sind eigentlich ein vortreffliches Gebiet zum Frauenstudium, besonders die Physik oder die Chemie. Für mich bedeutet die Physik mehr Spaß als jedes andere Studienfach. Es gibt keinen Grund zu glauben, daß Frauen hier weniger leistungsfähig sind als Männer und daß eine intelligente, gut ausgebildete Frau nicht einen bedeutenden naturwissenschaftlichen Beitrag bringen kann."[16]

Frau Göppert-Mayer sah dabei durchaus die Schwierigkeiten der Doppelrolle einer Wissenschaftlerin zwischen Beruf und Familie. Sie wußte aus eigener Erfahrung, daß Frauen, die nicht auf Mann und Kinder verzichten wollen, besonderen Widerständen im Beruf und auch in der Forschung begegnen: „Eine jede Frau möchte ein vollständiges Leben, sie möchte heiraten und Kinder haben. Viele Frauen lösen dieses Problem, indem sie alle beruflichen Aktivitäten drangeben und nur noch als Ehefrau und Mutter leben. Das ist es, was manche Universitätsprofessoren davon abhält, Frauen zu akzeptieren."[17]

Maria Göppert-Mayer warnte Frauen davor, als Mutter den Beruf an den Nagel zu hängen: „Es gibt keinen wirklichen Grund für eine verheiratete Frau, ihre Karriere aufzugeben. Wenn sie ein paar Jahre lang zur Inaktivität gezwungen ist, weil ihre Kinder klein sind, dann sollte sie wenigstens Kontakt zu ihrem Studiengebiet halten und neue Entwicklungen und Fortschritte dort weiterverfolgen. Dann wird sie ihre Karriere jederzeit wiederaufnehmen können. Die Kinder wachsen nur zu schnell heran, und sie wird auf diese Weise noch ein lohnendes Leben haben, wenn ihre Sprößlinge aus dem Haus sind."[18]

Ganz leicht scheint der Wissenschaftlerin selbst die vereinte Rolle von Familienmutter und Berufsfrau nicht gefallen zu sein. „Natürlich ist die Kombination von Kindern und Berufsarbeit nicht ganz einfach", meinte sie. „Es gibt einen emotionalen Druck entsprechend der widerstreitenden Loyalitäten zur Wissenschaft einerseits und den Kindern andererseits, die schließlich eine Mutter brauchen. Ich habe diese Erfahrung voll und ganz gemacht. Aber wenn die Kinder älter werden, dann verstehen sie die Zusammenhänge und sind stolz darauf, eine Wissenschaftlerin zur Mutter zu haben."[19]

Brave, einsichtige Kinder aber genügen nicht: „Eine verheiratete Wissenschaftlerin", so Maria Göppert-Mayer, „braucht einen verständnisvollen Partner. Der richtige Ehemann für eine Frau mit einer Karriere in den Naturwissenschaften ist ein Wissenschaftler."[20]

Professor Göppert-Mayer hatte einen solchen Ehemann, und er hat sie um Jahre überlebt. Sie selbst starb am 20. Februar 1972, noch nicht 66 Jahre alt, „nach einer langwierigen Krankheit", wie es in den offiziellen Papieren heißt. Ein Schlaganfall und mehrere Herzattacken hatten ihr die letzten Lebensjahre sehr erschwert.

Dorothy Hodgkin-Crowfoot
Chemie-Nobelpreis 1964

Viele Jahre lang war Dorothy Hodgkin-Crowfoot – Chemie-Nobelpreisträgerin aus dem Jahre 1964 – die einzige der noch lebenden Nobeldamen, der man ab und an auch in Deutschland begegnen konnte: Sie kam regelmäßig zu den Tagungen der Nobelpreisträger für Chemie in Lindau am Bodensee. In dem erlauchten Gremium der anwesenden Laureaten war die schlanke, weißhaarige Frau stets das einzige weibliche Wesen und bei allen Anlässen umringt von einer dichten Traube wißbegieriger Studenten, neugieriger Journalisten und bemühter Kollegen. Die Wissenschaftlerin wußte sich dem ihr entgegengebrachten Interesse mit Charme, Würde und Geduld zu erwehren. Ihr eher unbritisches Temperament, ihre liebenswürdige Bescheidenheit und ihr mädchenhaftes Lachen ließen keinerlei Scheu aufkommen.

Die englische Biochemikerin war den Wirbel gewöhnt, den ihre Person verursachte: Frau Hodgkin erhielt 1964 nach Jahren intensiver Mitarbeit in der britischen Heilmittelforschung, speziell der Insulin- und Penicillin-Forschung als dritte und bislang letzte Frau nach Marie Curie und Irène Joliot-Curie einen Chemie-Nobelpreis. Das Nobelkomitee vergab den Preis für ihre mit Röntgenstrahlen-Methoden durchgeführten Bestimmungen der Struktur von wichtigen biochemischen Substanzen, genauer gesagt für die Strukturaufklärung des Vitamins B 12. Die Laureatin – damals mit ihrem Mann in Ghana – war zu diesem Zeitpunkt vierundfünfzig Jahre alt und hatte damit zwei Jahre weniger als das typische Durchschnittsalter weiblicher Nobelpreisträgerinnen.

Dorothy Hodgkin schien allerdings lange Jahre überrascht, daß die Stockholmer Juroren ausgerechnet auf sie verfallen sind. Die gelernte Chemielehrerin, die sich schon als Schulmädchen für die Strukturanalyse von Kristallen interessiert und es schließlich zur Chemie-Professorin in Oxford gebracht hatte, erinnerte sich genau an den Zeitpunkt, als sie zum ersten Mal sozusagen für „nobelpreisverdächtig" erklärt wurde. Es war kurz nach dem 2. Weltkrieg, und Dorothy Hodgkin hatte die Ergebnisse ihrer mittlerweile selbständigen Penicillin-Forschung ihrem ehemaligen Forschungschef John Desmond Bernal, dem Leiter des berühmten Cavendish-Laboratoriums in Cambridge, vorgelegt, zu dem sie den Kontakt nie abreißen ließ. Bernal sagte, so Frau Hodgkin: „Du meine Güte! Dafür kriegst Du den Nobelpreis! Was zu diesem Zeitpunkt sicher nicht gestimmt hat. Und ich habe geantwortet, ich möchte lieber Mitglied in der Royal Society werden. Da sagte er, das ist doch viel schwieriger!"[1]

Tatsächlich war die Royal Society damals noch ein reiner wissenschaftlicher Männerklub, in dem Frauen – gleich welche Leistungen sie erbracht hatten – nichts zu suchen hatten. Dorothy Hodgkin wurde bereits 1947 aufgenommen; sie war die dritte Frau, der diese Ehre zuteil wurde. Bis sie schließlich den Nobelpreis erhielt, verging mehr Zeit; selbst als sie erstmals dem Nobel-Komitee vorgeschlagen war, dauerte es noch Jahre, bis sie den Preis bekam. Die Wissenschaftlerin selbst hat das offenbar nicht erstaunt: „Ich denke, ich weiß sogar recht gut, ich bin schon früher vorgeschlagen worden, aber diese Dinge brauchen halt lange Zeit."[2]

Daß sie lange auf den Nobelpreis warten mußte, hat nach Meinung von Professor Hodgkin nicht etwa daran gelegen, daß sie eine Frau ist. Im Gegenteil, bescheiden, wie sie war, sah Dorothy Hodgkin in diesem Umstand in ihrem speziellen Fall sogar einen Vorteil: „Auf eine merkwürdige Weise hat es manchmal sogar geholfen, besonders in der Atmosphäre kurz nach dem Krieg, als sich eine allgemeine Liberalisierung im Denken der Leute breit machte. Damals wählte die Royal Society die ersten weiblichen Mitglieder. In einer Periode wie dieser mag es hilfreich gewesen sein, eine Frau zu sein, man fiel als Frau einfach mehr auf."[3]

Dorothy Hodgkin war ein typisches Kind des vormaligen britischen Kolonialreiches. Als älteste von vier Töchtern eng-

Dorothy Hodgkin-Crowfoot

lischer Eltern wurde sie am 12. Mai 1910 in Kairo geboren, wo ihr Vater John Winter Crowfoot zu dieser Zeit im Ägyptischen Erziehungsministerium arbeitete. Crowfoot ging kurz darauf beruflich in den Sudan. Er hatte in seiner Jugend in Oxford klassische Philologie und vor allem alte Geschichte studiert und zunächst beruflich im Bildungswesen Fuß gefaßt. Später wandte er sich wieder seinem Lieblingsfach, der Archäologie, zu und wurde 1926 Direktor der Britischen Schule für Archäologie in Jerusalem. Mrs. Grace Mary Crowfoot begleitete ihren Mann zu seinen Aufenthalten ins Ausland. Sie selbst zeichnete Blumen und entwickelte sich zu einer guten Botanikerin.

Dorothy Mary Crowfoot ist in England aufgewachsen. Während des Ersten Weltkrieges ließen sie ihre Eltern mit den Geschwistern und einem Kindermädchen in der Obhut ihrer Großmutter. Dann suchten die Crowfoots ein Haus in der Heimat des Vaters, in Geldeston in Norfolk, und eine gute höhere Gemeindeschule, die Sir John Leman School in Beccles, die Dorothy von 1921 bis 1928 besuchte. Schon in sehr jungen Jahren war Dorothy, angeregt durch einen Freund ihrer Eltern, fasziniert von ihrem späteren Studienfach, der Chemie. Zusammen mit einer Klassenkameradin durfte sie am Chemie-Unterricht für Jungens in der Schule teilnehmen, und sie richtete sich schon bald darauf auf dem Dachboden des elterlichen Hauses ein eigenes Labor ein.

Aus ihrem Mund schien es denn auch die selbstverständlichste Sache der Welt, daß sie sich bereits als kleines Schulmädchen für ihr künftiges, scheinbar so sprödes wissenschaftliches Arbeitsgebiet, die Strukturanalyse von Kristallen, zu interessieren begann. Sie schilderte, wie es dazu kam, daß sie den für Frauen ihrer Generation noch höchst ungewöhnlichen Entschluß faßte, Chemie zu studieren: „Ich mochte einfach die Art, wie Chemie in meiner Schule dargeboten wurde. Schon in der Grundschule lernte ich, Kristalle zu züchten, und fand das eine faszinierende Beschäftigung. Später in der höheren Schule hatte ich einen sehr guten Chemielehrer, und da in dieser Schule kein anderes naturwissenschaftliches Fach unterrichtet wurde, gab's auch keine wirkliche Konkurrenz, und ich entschloß mich schnell, Chemikerin zu werden. Als ich 15 oder 16 war, bekräftigte meine Mutter meinen Entschluß, indem sie mir das Buch des Nobelpreisträgers William H. Bragg, seine Weihnachtsvorträge für Kinder mit dem Titel ‚Über die Dinge der Natur' schenkte. Bragg beschrieb darin, wie man durch die Beugung von Röntgen-Strahlen die Struktur von Kristallen aufklären kann, und er sagte, wie man damit Atome sehen kann, und das Sehen war – wie Sie sich vorstellen können – in Anführungszeichen geschrieben. Ich hatte schon früher darüber nachgedacht, bei welchen Molekülen ich die Atome am liebsten betrachten würde. Das waren die biochemisch relevanten Moleküle. Und wiederum hatte ich ein kleines Buch erworben – von P. H. Parsons über ‚Die Grundlagen der Biochemie' –, das mich im Alter von 16 faszinierte. So beschloß ich endgültig, an die Universität zu gehen und Chemie zu studieren."[4]

Die damalige Dorothy Crowfoot begann 1928 in Oxford am Somerville-College ihr Chemie-Studium, das sie 1932 abschloß. In dieser Zeit waren in Oxford nur zehn Prozent Frauen unter den insgesamt fünftausend Studenten zugelassen. In den naturwissenschaftlichen Fächern gab es allerdings noch weniger Studentinnen: „Die Anzahl der Frauen, die Naturwissenschaften studierten, war noch geringer. In meinem Jahrgang waren die Mädchen dabei noch ziemlich stark vertreten: In den fünf Colleges für Frauen gab es insgesamt fünf Studentinnen, die Chemie studierten. Das war ungewöhnlich."[5]

In Oxford belegte Dorothy Crowfoot Chemie I und im Anschluß daran Chemie II. Schon während ihres Studiums arbeitete die junge Chemikerin bei ihrem Professor H. M. Powell in der Röntgenkristallographie, die er gerade im Department für Mineralogie neu eingeführt hatte. Danach ging Dorothy Crowfoot nach Cambridge zu dem brillanten Kristallographen und Molekularbiologen John Desmond Bernal, um den sich zahlreiche private Anekdoten ranken.

Bernal hatte in Cambridge ein paar Jahre vorher eine kleine Forschergruppe aufgebaut und sich gerade einen Namen gemacht, indem er Röntgenaufnahmen von einer Gruppe von

Sterinen anfertigte und aus ihnen ableitete, daß die damals akzeptierte Windaus-Wieland-Formel nicht stimmen konnte. Bernal übernahm kurz darauf eine Abteilung des renommierten Cavendish-Laboratoriums in Cambridge.

Unter Bernal, der als Vorläufer der DNS-Entdecker James Watson und Francis Crick gilt und im übrigen ein begabter, uneigennütziger Lehrer war, entstanden Dorothy Crowfoots erste wichtige Arbeiten zur Röntgenbeugung an biologisch bedeutsamen Molekülen. In Bernals Institut waren zur gleichen Zeit eine Reihe von Männern tätig, die in der Folge ebenfalls berühmt wurden, wie etwa der spätere Nobelpreisträger Max Perutz (Chemie-Nobelpreis 1962). Dorothy Crowfoots eigener Arbeit tat das anscheinend keinen Abbruch. Sie genoß die Atmosphäre und die Forschungsarbeit in Bernals Laboratorium sehr: „Bernal war relativ jung, relativ unbekannt, und wir waren insgesamt sechs Forschungsstudenten, von denen noch zwei andere Frauen waren, so daß es eine sehr ausbalancierte Gruppe war."[6]

Dorothy Crowfoot, die unter Bernals Forschungsstudenten wohl die meisten Talente hatte, blieb dennoch nur „zwei glückliche Jahre" in Cambridge. Sie machte dort 1934 ihren Dr. hil. Ihre Erfahrung in der Arbeit mit Pepsin-Kristallen bei Bernal führte sie anschließend mit einem Forschungsstipendium ans Somerville College nach Oxford zurück, wo sie zunächst in die Insulinforschung einstieg. Während des 2. Weltkriegs arbeitete Dorothy Hodgkin-Crowfoot dann intensiv an der Aufklärung des Penicillins und des Vitamins B 12 mit. Der große Durchbruch gelang ihr 1949, als sie ihre Erkenntnisse zur Struktur des Penicillins publizierte. 1956 folgte eine Veröffentlichung zur Struktur des Vitamins B 12. Diesen beiden Arbeiten verdankt die Wissenschaftlerin letztlich ihren Nobelpreis im Jahre 1964.

Auf der Tagung der Nobelpreisträger in Lindau am Bodensee im Juli 1989 hat Dorothy Hodgkin-Crowfoot die spannenden wissenschaftlichen Etappen ihres Forscherlebens selbst geschildert: „Ich habe allmählich eine kleine Forschergruppe aufgebaut, die sich mit der Aufklärung interessanter Kristallstrukturen bis hin zur Atomauflösungsgrenze beschäftigte. Ich fing mit Sterinen an, besonders mit Cholesteryljodid. Gleich am Anfang gab mir jedoch Robert Robinson eine kleine Probe von kristallinem Insulin. Ich las alles, was ich darüber finden konnte, vermochte sogar Kristalle von ausreichender Größe zu züchten und nahm in großer Aufregung die ersten Röntgenbilder auf. Eine derartige Struktur aufzuklären, überstieg meine Fähigkeiten bei weitem. Ich mußte auf jeden Fall zuerst mit kleineren Molekülen arbeiten und wandte mich dem Penicillin zu, das Chain und Florey in Oxford gerade isoliert hatten. Als die Kristalle 1943 endlich gezüchtet waren, wußte man über das Molekül immerhin schon so viel, daß man mögliche Strukturen aufschreiben konnte. Wir sammelten Röntgendaten über Natrium-, Kalium- und Rubidiumpenicillin und bedienten uns aller einfachen Möglichkeiten, die jemals zur Berechnung von Elektronendichten und Strukturfaktoren erdacht worden waren. Als der Krieg in Europa zuende ging, war auch die Struktur klar."[7]

Bei ihren weiteren Untersuchungen kam Dorothy Hodgkin-Crowfoot dann der Fortschritt der Technik auf dem Gebiet der Großrechner zuhilfe: „Zur Unterstützung bei den Berechnungen der Elektronendichte ließen wir uns Lochkarten anfertigen, und mit denen gingen wir dann auch gleich unsere nächste Aufgabe an: die Struktur des 1948 aus der Leber isolierten Vitamins B 12, das bei der Verhütung von perniziöser Anämie eine Rolle spielte. Unsere Analyse führten wir zunächst mit den Lochkartenmaschinen durch und waren dementsprechend langsam. Als wir vielleicht die Hälfte geschafft hatten, bot uns Dr. Kenneth Trueblood an, es in Los Angeles mit einem neuen Elektronenrechner zu probieren. Damit ging die Arbeit erheblich schneller vonstatten, und 1955 hatten wir eine überraschende, komplizierte Struktur entdeckt, die ein neues, einem Porphinring ähnliches Ringsystem aufwies, das um ein Kobaltatom herum angeordnet war: das Corrinringsystem."[8]

Dorothy Hodgkin-Crowfoots gesamtes weiteres Berufsleben spielte sich in Oxford ab. Im Jahre 1937 wurde sie Mitglied des Somerville Colleges – mit allen Rechten und Pflichten eines „fellows". Einen eigenen Lehrstuhl an der traditionsreichen

Universität von Oxford erhielt sie allerdings nicht. Doch die Royal Society gab ihr 1960 eine Forschungsprofessur, den Wolfson-Lehrstuhl, woraufhin ihr die Universität Oxford immerhin einen Professoren-Titel verliehen hat. In dieser bloßen Titulatur aus Oxford sah die Biochemikerin keineswegs eine männliche Intrige: „Ich bekam von anderen Universitäten Lehrstühle angeboten, wo es genügend männliche Konkurrenten gab. Die Royal Society war mit ihrem Angebot eben nur schneller gewesen."[9]

Dorothy Hodgkin-Crowfoot fühlte sich offenbar an keiner Stelle ihrer wissenschaftlichen Karriere von Männern eingeengt oder behindert. Sie wurde als 3. Frau in die Royal Society von London gewählt, war Mitglied der Deutschen Akademie der Naturforscher Leopoldina (Halle) und zahlreicher anderer Akademien sowie Trägerin hoher wissenschaftlicher Auszeichnungen und mehrere Ehrendoktorate. Sie sah wachsende Chancen für weibliche Studenten in den Naturwissenschaften und machte ihnen Mut zu diesem Studium: „Jedes Mädchen, das wirklich ernsthaft am Studium von Chemie und Physik interessiert ist, sollte diesen Schritt ruhig wagen und das Fach studieren. Und immer mehr tun es ja schon, vor allem auch in der Biologie, die sehr interessant geworden ist, obwohl sie oftmals äußerst schwierig ist. Ich mache mir deshalb auch keine Sorgen um die Stellung der Frau in den Naturwissenschaften."[10]

Die nach wie vor zu beobachtende Minderzahl von Frauen in Naturwissenschaft und Technik führte die britische Nobelpreisträgerin auf historische Gründe und nicht auf eine geringere weibliche Begabung für solche Themen zurück: „Ich glaube nicht an männliche Themen. Viele Mädchen arbeiten im übrigen ebenso hart wie Männer. Außerdem befähigt nicht notwendigerweise hartes Arbeiten Wissenschaftler zu kreativen Ideen. Und auch die Männer, die als Wissenschaftler große Leistungen erbringen, müssen zusätzlich eine ganze Menge Zeit für administrative Probleme aufwenden. Diese Zeit ist vergleichbar mit der Zeit, die eine Frau mit den Kindern und ihrer Familie verbringt."[11]

Intensives persönliches Engagement in der Wissenschaft und familiäre Verantwortung sind allerdings nicht immer leicht zu kombinieren. Dorothy Crowfoot lernte diese Probleme aus eigener Anschauung kennen: Sie heiratete im Jahre 1937 den bekannten britischen Historiker, Sozialwissenschaftler und Afrikanisten Thomas Lionel Hodgkin, übrigens einen Vetter des Medizin-Nobelpreisträgers Sir Alan Lloyd Hodgkin, und zog mit ihm zusammen drei Kinder groß: Luke, Elizabeth und Tobias. Ihr ältester Sohn wurde Mathematiker, der jüngere Botaniker, die Tochter studierte Geschichte. Ihre eigenen Erfahrungen bedenkend, meinte Frau Professor Hodgkin, daß es für Frauen zu schaffen sei, Wissenschaft und Familie zu kombinieren: „Ich denke, eine Frau sollte, wenn sie die Naturwissenschaft ernst nehmen will, sich nach Möglichkeit mehr um ihre Kinder als um ihren Haushalt kümmern und den einer Hilfe überlassen, damit sie Zeit findet für ihre Kinder ebenso wie für ihre wissenschaftliche Karriere. Mir ist das zum Glück gelungen."[12]

Die Nobelpreisträgerin Dorothy Hodgkin-Crowfoot hat es sich also nicht nehmen lassen, neben ihrer ebenso kreativen wie produktiven wissenschaftlichen Tätigkeit das Dasein einer ganz normalen Ehefrau und Mutter zu führen. Sie hat sich darüber hinaus intensiv gesellschaftspolitisch engagiert und zusammen mit ihrem Mann manche politischen Kämpfe ausgefochten. Ihr Leben als Forscherin war alles andere als ein Single-Dasein: „Die ganzen Jahre über spielte sich mein Leben als Wissenschaftlerin mit und neben dem Leben meines Mannes und unserer drei Kinder und mit vielen internationalen Verbindungen ab. In den Kriegsjahren war Thomas Hodgkin als Vortragsredner in der Arbeiterbildungsbewegung tätig und hielt Vorträge vor Arbeitern in der Rüstungsindustrie. Später beschäftigte er sich mit den in Afrika erst kurz zuvor unabhängig gewordenen Gesellschaften, besonders mit Ghana. Ich leistete ihm ab und zu Gesellschaft, unternahm aber auch allein weite Reisen durch Europa, Amerika, Rußland, Vietnam, Indien und China."[13]

Seit 1957 arbeitete Frau Hodgkin für den Frieden in der Welt. Sie war Mitbegründerin und zeitweise Präsidentin der

„Pugwash-Bewegung", einem breiten Zusammenschluß von Wissenschaftlern aus Ost und West gegen den Gebrauch wissenschaftlicher Forschung zur Waffenentwicklung. Anlaß für Professor Hodgkins Engagement war wohl die persönliche Betroffenheit über die Schrecken des Nuklearkrieges: „Ich habe den Tag noch gut in Erinnerung, als die Nachricht vom Abwurf der ersten Atombombe auf Hiroshima bekannt wurde. Mein Mann und ich machten mit unseren beiden ältesten Kindern in Allonby an der See Urlaub. Es fand ein Fest mit einem Feuer am Strand statt. Die Schreckensmeldung aus Japan beendete die Feier."[14]

Aber auch das Klima in Dorothy Hodgkin-Crowfoots Elternhaus und ihre spätere Freundschaft mit John Desmond Bernal sowie der gleichfalls sehr bedeutenden Kristallographin Kathleen Lonsdale waren mit entscheidend für ihre Kooperation in der Friedensbewegung der Wissenschaftler: „Durch die Mitarbeit meiner Mutter im Völkerbund in Genf war mir schon als Kind klar, daß Frieden nötig ist und daß man dafür arbeiten muß. Es war also in mir sozusagen der Boden vorbereitet für die verschiedenen Friedensbewegungen – schon vor dem Krieg. Ich hatte allerdings damals noch nicht viel Zeit dafür, weil ich gerade in Oxford zu lehren und zu forschen begann. Mein Engagement wuchs dann allmählich immer stärker, zum Teil aus der Freundschaft mit Bernal heraus, der bereits seit 1946 eine führende Rolle im Weltfriedensrat spielte, zum Teil, weil mich Kathleen Lonsdale in die ‚Pugwash-Bewegung' einführte. Anfangs nahm ich das alles noch nicht sehr ernst. In jüngster Zeit allerdings bin ich in wachsendem Maße an den Ost-West-Beziehungen interessiert."[15]

Dorothy Hodgkin blieb auch in ihrem Engagement für die Friedensbewegung auf sympathische Weise bescheiden. Sie dachte nicht etwa, daß sie als gelernte Chemikerin, Hochschulprofessorin und Nobelpreisträgerin über besondere Kenntnisse in der Waffentechnologie verfügte und damit spezielles Mitspracherecht in Sachen Abrüstung hatte: „Ich bin alles andere als ein Experte auf dem Gebiet der Technologie. Mein eigenes Wissen war immer weit entfernt von diesen speziellen Gegenständen, und da es kenntnisreiche Leute gibt, die weitaus besser als ich über Waffentechnologie und Waffenkontrolle Bescheid wissen, überlasse ich das lieber ihnen. Wo ich mich aber aufgerufen fühle, mehr für die Friedensbewegung zu tun, das ist beim Versuch zu erfahren, wie die Leute in Ost und West übereinander denken. Wir brauchen ernsthafte Bemühungen zwischen Ost und West, um uns gegenseitig besser kennenzulernen und zum Nutzen der ganzen Welt zusammenzuarbeiten."[16]

Trotz schwerer Arthritis reiste die 1977 emeritierte und seit 1982 verwitwete Dorothy Hodgkin in Sachen Frieden durch die ganze Welt. Auf zahlreichen Pugwash-Konferenzen hielt sie Vorträge und arbeitete intensiv in der Pugwash-Arbeitsgruppe für chemische Kriegsführung mit. Sie hoffte inständig, daß ihre eigenen und die Bemühungen anderer Wissenschaftler zur Verständigung zwischen den Völkern und zur Unterbreitung von positiven Vorschlägen an die Regierungen erfolgreich sein werden: „Als Wissenschaftlerin fühle ich mich absolut verantwortlich. Ich bin solchen Vereinigungen beigetreten, weil ich meine, daß Wissenschaftler generell in solche Probleme verwickelt sind und daß wissenschaftliche Vereinigungen versuchen sollten, dem Gebrauch wissenschaftlicher Forschung zur Waffenentwicklung entgegenzutreten."[17]

Am 29. Juli 1994 starb Lady Dorothy in Shipston-on-Stour in England. Sie wurde 84 Jahre alt. Ihr Körper war am Ende müde und schwach, aber ihr Geist bis zum Schluß hellwach.

Rosalyn Yalow
Medizin-Nobelpreis 1977

Der Medizin-Nobelpreis 1977 war ein Tribut an den revolutionären Aufschwung der Endokrinologie in Wissenschaft und Praxis im Jahrzehnt zuvor: Die amerikanische Kernphysikerin Rosalyn Yalow erhielt die eine Hälfte des Preises „für die Entwicklung des Radioimmunoassays der Peptid-Hormone", während sich die Professoren Andrew Schally und Roger Guillemin in die andere Hälfte des Preises „für ihre Entdeckungen, betreffend die Peptid-Hormone im Gehirn" teilten.

Yalow verwendete den Radioimmunoassay[1] zunächst, um Insulin und später andere Peptid-Hormone im menschlichen Körper aufzuspüren und zu quantifizieren. Sie vergleicht die Wirkung dieses Testverfahrens in seiner Fähigkeit, Substanzen aufzutun und zu messen, die vorher außer Reichweite lagen, mit der Entdeckung des Mikroskops. Tatsächlich ist der Radioimmunoassay eine äußerst empfindliche Analyse-Technik, mit der sich kleinste, anderweitig nicht faßbare biologisch aktive Substanzen im Körper messen lassen. Vor seiner Entwicklung standen für vergleichbare Untersuchungen nur weitaus weniger sensitive, langsamere Bioassays zur Verfügung, mit denen sich die Mengen, in denen beispielsweise Hormone im Blut vorkommen, kaum erfassen ließen. Der Radioimmunoassay hat denn auch bedeutende Fortschritte in der Diagnose und Behandlung von Schilddrüsen-Erkrankungen, Diabetes, Wachstumsstörungen, hohem Blutdruck und Fruchtbarkeitsstörungen gebracht.

Viele Millionen Radioimmunoassays werden inzwischen jährlich in aller Welt durchgeführt. Dabei sind die Möglichkeiten dieser Technik für die Zukunft noch keineswegs erschöpft, auch wenn lediglich ihre Anwendung zusammen mit den Peptid-Hormonen seinerzeit in der offiziellen Begründung der

Rosalyn Yalow

Nobelstiftung genannt wurde. Man hofft, mit Hilfe von Radioimmunoassays künftig jede Substanz im Blutkreislauf messen zu können, selbst wenn sie nur in äußerst geringen Mengen dort vorhanden ist. Damit wäre die Chance gegeben, in Zukunft eine breite Zahl von Krankheiten bis hin zum Krebs durch das frühzeitige Aufspüren winziger Anomalitäten zu diagnostizieren, bevor sich eigentliche Symptome entwickeln.[2]

Dr. Rosalyn Yalow entwickelte die Radioimmunoassay-Technik in New York am Veterans Administration Hospital in der Bronx in zwei Jahrzehnte langer Zusammenarbeit mit dem Arzt Dr. Solomon Berson. Dr. Berson starb im Frühjahr 1972, fünf Jahre vor der Nobelpreisverleihung. Dr. Yalow ist fest davon überzeugt, daß sie sonst zusammen den Nobelpreis bekommen hätten: „Unglücklicherweise lebte er nicht lang genug, um mit mir den Nobelpreis zu teilen, wie er es andernfalls getan hätte." Rosalyn Yalow, zum Zeitpunkt des Nobelpreises sechsundfünfzig Jahre alt, war die fünfte wissenschaftliche Nobelpreisträgerin, die dritte Amerikanerin und die zweite Medizinpreisträgerin.

Die Kernphysikerin, die einen Medizin-Nobelpreis bekam, obwohl sie nie Medizin studiert hat, gelangte mehr oder weniger zufällig zu ihrer preisträchtigen Methode. Sie entdeckte sie, als sie das weitere Schicksal von Insulin im menschlichen Körper untersuchte, das an Diabetes-Patienten verabreicht worden war. Antikörper, als Antwort auf das Insulin produziert, werden im Blut der Patienten an das Insulin gebunden. Durch Markierung des Insulins mit radioaktivem Jod erkannten Yalow und Berson, daß sie diese Reaktion nutzen konnten, um einen Prüf-Indikator für Insulin zu schaffen.

Yalow und Berson nannten die neue Methode „Radioimmunoassay" und benutzten sie bald nicht nur, um Insulin aufzuspüren und in seiner Menge zu bestimmen, sondern auch, um andere Peptid-Hormone auszumachen. Die beiden Forscher entwickelten dabei nicht nur die klinische Anwendung, sondern auch die theoretischen und mathematischen Prinzipien des Radioimmunoassay. Andere Wissenschaftler haben die Methode inzwischen vielfältig ausgebaut.

Frau Yalow, heute achtzig Jahre alt, ist die zweitjüngste der drei noch lebenden naturwissenschaftlichen Nobelpreisträgerinnen. Sie hat sechsundvierzig Ehrendoktorhüte. Bis 1980 war sie „Senior Medical Investigator" am Veterans Administration Hospital und zugleich „Distinguished Service Professor" im Department of Medicine an der Mount Sinai School of Medicine in New York.[4] Von 1980 bis 1985 arbeitete sie am Montefiori Medical Centre in New York und gleichzeitig an der dortigen Yeshiwa University.

Rosalyn Yalow wurde am 19. Juli 1921 in New York City geboren und hat dort seitdem gelebt und gearbeitet mit Ausnahme einiger Studienjahre an der Universität von Illinois.[5] Sie stammt aus einer jüdischen Einwandererfamilie. Ihre Mutter Clara Zipper kam als Vierjährige aus Deutschland nach Amerika. Ihr Vater Simon Sussman wurde auf der Lower East Side von New York geboren, dem Schmelztiegel osteuropäischer Immigranten. Die Eltern, die sich in der Wirtschaftsdepression mit Gelegenheitsarbeit für reichere Verwandte durchschlugen, hatten beide keine höhere Schuldbildung, setzten aber alles dran, ihrem Sohn und auch der Tochter das College zu ermöglichen.

Besonders die kleine Tochter hatte es mit dem Lernen offenbar sehr eilig: Sie konnte bereits lesen, bevor sie in den Kindergarten ging, und das, obwohl es bei ihr zu Hause keine Bücher gab. Schon früh fuhr sie deshalb einmal in der Woche mit ihrem fünf Jahre älteren Bruder in die öffentliche Bibliothek, um sich mit Lesestoff zu versorgen und gelesene Bücher gegen neue auszutauschen.

Das kleine Mädchen war offenbar nicht nur ein aufgewecktes Kind, sondern auch eigensinnig, willensstark und durchsetzungsfähig. Schon die Dreijährige war kaum von etwas abzubringen, was sie sich in den Kopf gesetzt hatte. So pflegte sie sich auf dem Fußweg niederzulassen und nicht mehr fortzubewegen, wenn sie einen anderen Heimweg gehen wollte als ihre Mutter. Rosalyn Yalow amüsiert sich noch heute darüber: „Ich blieb einfach sitzen, und es gab nichts, was meine Mutter hätte tun können, zumal sich bald eine Menschenmenge um uns anzusammeln pflegte. Wir gingen dann meinen Weg, sonst wären wir garnicht gegangen."[6]

Ansonsten unterschied sich Rosalyn Yalow kaum von Tausenden anderer Kinder jüdischer Einwandererfamilien: Sie kam in der Schule rasch vorwärts, aber sie spielte mit Puppen und nicht etwa mit Chemiebaukästen. Ihre Eltern hofften, daß sie Grundschullehrerin werden würde. Sie selbst hatte anspruchsvollere Pläne: Bereits als Achtjährige wollte sie Wissenschaftlerin werden, den Dingen auf den Grund gehen: „Die Sache, die ich mag, ist Logik, und das charakterisiert jede Wissenschaft."[7]

Auf der Höheren Schule begeisterte sie sich zunächst für Mathematik, dann für Chemie. Sie entschied sich schließlich für Physik, als sie im Hunter College for Women in New York ihr Studium begann, weil ihr dieses Fach am verheißungsvollsten erschien: „Am Ende der dreißiger Jahre, als ich zum College ging, war Physik und besonders Kernphysik das aufregendste Gebiet auf der ganzen Welt. Es schien, als brächte jedes Experiment einen Nobelpreis. Eve Curie hatte gerade die Biographie ihrer Mutter, Madame Curie, veröffentlicht, die ein Muß auf der Leseliste einer jeden jungen aufstrebenden Wissenschaftlerin sein sollte. Als Junior im College hing ich vom obersten Rang im Raum 301 der Pupin Laboratories (einem Physik-Vorlesungssaal der Columbia Universität), als Enrico Fermi im Januar 1939 ein Colloquium über die neu entdeckte Kernspaltung hielt – die nicht nur Angst und Schrecken des Atomkriegs zur Folge hatte, sondern auch die beliebige Verfügbarkeit von Radioisotopen für medizinische Untersuchungen und viele andere friedliche Anwendungen."[8]

Die Berufsaussichten von Rosalyn Yalow, die eine wissenschaftliche Laufbahn als Physikerin anstrebte, waren trotz ihrer offenkundigen Begabung, ihrer Fähigkeiten und ihres Fleißes in diesen Jahren extrem schlecht. Sie absolvierte das College im Laufschritt und hatte ihr Grundstudium bereits mit zwanzigeinhalb Jahren beendet, also zwei Jahre früher als ihre Kommilitonen. Als einer ihrer Professoren für sie wegen einer Assistentenstelle an einer anderen Universität anfragte, erhielt er zur Antwort: „Sie ist aus New York. Sie ist Jüdin. Sie ist eine Frau.

Wenn Sie ihr anschließend eine Stelle garantieren können, nehmen wir sie."⁹ Natürlich konnte niemand diese Garantie geben. Rosalyn Yalow meint dazu heute nüchtern: „In den Jahren der Depression bekamen jüdische Frauen eben keine Jobs in der Physik."

So griff sie zu, als sich ihr im September 1940 dank ihrer Schreibmaschinenkenntnisse eine Stelle als Teilzeit-Sekretärin bei einem Biochemiker an der Medizinischen Fakultät der Columbia Universität bot. Sie hatte damit noch vor dem Abschluß des College durch die Hintertür Zugang zu hörgeldfreien Fortgeschrittenen-Kursen, mußte sich aber verpflichten, für ihre Tätigkeit zusätzlich Stenographie zu lernen. Knapp ein Jahr später konnte sie den Stenoblock zur Seite legen, als ihr an der Universität von Illinois eine Assistentenstelle genehmigt wurde. Sie wurde Professor Robert Payton zugeteilt, dem einzigen Mann unter den Hochschullehrern dort, der weibliche Assistenten anstellte, weil er – wie er später einmal erklärte – „als einziger alt genug war, sodaß meine Motive nicht verdächtig sein konnten."

Bei der ersten Fakultätssitzung des College for Engeneering, dem Rosalyn Yalow nunmehr angehörte, stellte sie fest, daß sie die einzige Frau unter vierhundert Männern war. Der Dekan der Fakultät gratulierte ihr zu ihrer Leistung und sagte ihr, daß es die letzte Frau in diesen Reihen 1917 gegeben habe. Das neue Fakultätsmitglied täuschte sich allerdings nicht über die Ursachen seines Erfolgs: „Es ist offensichtlich, daß der Zug junger Männer in die Streitkräfte bereits vor dem amerikanischen Eintritt in den Weltkrieg meine Aufnahme in die Graduate School möglich gemacht hatte."

Gleich am ersten Tag in der Graduate School lernte Rosalyn Sussman Aaron Yalow, ihren späteren Mann, kennen. Er war der Sohn eines Rabbi aus Syracuse im Staate New York. Aaron Yalow, heute Physik-Professor, verspürte bei der Begegnung mit der zwanzigjährigen Rosalyn „Interesse auf den ersten Blick, zumindest von meiner Seite". Das Interesse allerdings kann nicht nur einseitig gewesen sein, denn bald waren die beiden Physik-Studenten eng befreundet. Sie heirateten jedoch erst im Juni 1943, u.a. wegen der „Nepotismus"-Regeln an dieser wie an vielen anderen amerikanischen Universitäten, die die gleichzeitige Beschäftigung verwandter oder verheirateter Bediensteter untersagten. Dazu Rosalyn Yalow: „Wir konnten nicht beide Assistentenstellen haben und zugleich verheiratet sein. Tatsächlich heirateten wir erst, als einer von uns ein Stipendium bekam."

Ihre Studienjahre an der Universität von Illinois, die sich mit der Zeit des 2. Weltkriegs deckten, waren eine arbeitsreiche Zeit: Rosalyn Yalow hatte Fortgeschrittenen-Kurse zu besuchen, selbst Anfänger-Übungen zu halten, eine experimentelle Doktorarbeit in Kernphysik anzufertigen, die viele Stunden im Labor erforderte, und schließlich nach ihrer Heirat Mann und Haushalt zu versorgen.

Im Januar 1945 bestand sie ihr Rigorosum. Ihr Doktorvater war ein Wissenschaftler ersten Ranges – Dr. Maurice Goldhaber, der spätere Direktor der Brookhaven National Laboratories. Er und seine Frau unterstützten und ermutigten Rosalyn Yalow, so gut sie konnten. Auch Dr. Gertrude Goldhaber war eine hervorragende Physikerin, hatte aber wegen der Nepotismus-Regeln keine eigene Anstellung an der Universität.

Unmittelbar nach ihrem bestandenen Doktorexamen kehrte Rosalyn Yalow nach New York zurück – ohne ihren Mann, dessen Dissertation sich verzögert hatte. Sie nahm eine Stelle als Hilfsingenieur am Federal Telecommunications Laboratory an, einem Forschungslabor der International Telephone and Telegraph Corporation (III). Wieder einmal war sie die einzige Frau, diesmal unter lauter Ingenieuren. Als ihre Forschungsgruppe im Jahre 1946 New York verließ, ging sie zurück ans Hunter College, um Physik zu lehren. Ihre Schüler waren jetzt nicht länger Frauen, sondern Soldaten, die aus dem Krieg zurückkehrten und ein Ingenieur-Studium beginnen wollten.

Inzwischen war auch Aaron promoviert und in New York, und die Yalows zogen zunächst nach Manhattan, dann in die Bronx. Haushalt und Lehrtätigkeit füllten die junge Ehefrau nicht aus. So versuchte sie sich nebenberuflich auf dem Gebiet der medizinischen Anwendung von Radioisotopen, zu dem sie über ihren Mann Zugang fand, der im Bereich der medizinischen Physik am Montefiori Hospital in der Bronx zu arbeiten begonnen hatte. Sie war bald so erfahren in der neuen Technik, daß der Laboratoriumschef sie an das Bronx Veterans Administration Hospital weiterempfahl. Im Dezember 1947 trat sie dort als Teilzeitspezialistin ein. Sie entwickelte in den nächsten drei Jahren am Veterans Administration Hospital einen kompletten Radioisotopen-Service und setzte zusammen mit Ärzten aus verschiedenen Abteilungen der Klinik eine Reihe von Forschungsprojekten in Gang. Obwohl sie anfangs nicht viel mehr als ein schmales Hausmeistergelaß zur Verfügung hatte, veröffentlichte sie bereits in der Zeit bis 1950 acht Berichte, die die wichtige schrittweise Verbindung von Forschung und klinischer Anwendung von Radioisotopen zeigten.

Im Januar 1950 gab Rosalyn Yalow ihre Lehrtätigkeit auf und ging ganz zum Veterans Administration Hospital in der Bronx, einem Krankenhaus des Gesundheitsdienstes der amerikanischen Streitkräfte für ihre Angehörigen, ehemaligen Angehörigen und ihre Familien. Im gleichen Jahr kam auch der Internist Dr. Solomon Berson – ebenfalls ein geborener New Yorker – an das Krankenhaus, und zwischen dem Arzt und der Physikerin begann eine Partnerschaft, die zweiundzwanzig Jahre lang bis zum Tag seines überraschend frühen Todes am 11. April 1972 dauerte.

Rosalyn Yalow verzichtete bald auf die Zusammenarbeit mit anderen Kollegen an der Klinik und konzentrierte sich ganz auf Projekte gemeinsam mit Berson. Zunächst untersuchten die beiden die Anwendung von Radioisotopen u. a. bei der klinischen Diagnose von Schilddrüsenerkrankungen und bei der Kinetik des Jodstoffwechsels im Körper. Sie dehnten ihre Technik bald auf kleinere Peptide, die Hormone, aus. Insulin war das am ehesten verfügbare Hormon, noch dazu in gereinigter Form. Sie schlossen aus der verzögerten Rate des Schwunds von Insulin aus dem Blutkreislauf behandelter Patienten, daß sich Antikörper gegenüber dem tierischen Insulin entwickelten.

Das war eine absolut neue Erkenntnis. Denn entsprechend dem wissenschaftlichen Dogma in der Mitte der fünfziger Jahre war Insulin ein zu kleines Molekül, um Antikörper hervorzurufen. Kein geringerer als der Nobelpreisträger Linus Pauling hatte behauptet, daß Molekülen unter einer bestimmten Größe die Energie fehle, um sich mit Antikörpern zu verbinden.

Yalow als Physikerin und Berson als Arzt ließen sich von Vorurteilen dieser Art nicht beeindrucken. Beide waren Anfänger in der Forschung, ohne formale Ausbildung für das von ihnen gewählte Gebiet und alles andere als autoritätsgläubig. So erkannten sie beim Studium der Reaktion von Insulin gegenüber Antikörpern, daß sie ein Werkzeug entwickelt hatten, das Insulin im Blutkreislauf zu messen in der Lage war. Ein paar Jahre später hatten sie das Konzept in die Realität praktischer Anwendung übertragen. Rosalyn Yalow selbst datiert den „Beginn der Ära des Radioimmunoassays auf das Jahr 1959".[10] Ein Ende dieser Ära ist nicht abzusehen.

Der Radioimmunoassay war – wie so manches in der Wissenschaft – eine glückliche Zufallsentdeckung, eigentlich der Ableger einer ganz anderen Forschungsarbeit, wenn nicht in der klinischen Entwicklung der Technik zur routinemäßigen Anwendung so doch in den Umständen, die dazu führten. Denn in einem Reagenzglas voll Blutplasma ist Insulin in demselben Verhältnis vorhanden, wie es ein Teelöffel voll Zucker im Bodensee wäre.

Yalows und Bersons wissenschaftlicher Erfolg ist umso erstaunlicher, als beide keine für diese Erkenntniszwecke ausgebildeten Forscher waren. Sie lernten voneinander und waren jeder für den anderen der vielleicht strengste Kritiker. Sie ergänzten sich dabei in vielfältiger Weise – Berson mit seinem breiten klinischen Wissen und Yalow mit ihrer weitreichenden Kenntnis von Physik, Mathematik und Chemie.[11]

Yalow und Berson haben den Radioimmunoassay nicht nur entdeckt, sie sorgten auch für seine Verbreitung. Während der sechziger Jahre machten sie ihn anwendbar für die Diagnose von Riesen- und Zwergenwuchs sowie von bestimmten Arten von Tumoren. Später entwickelten sie ein Radioimmunoassay für das Hepatitis-Virus, eine Methode, die in ähnlicher Weise heute als Standard-Technik in Tausenden von Blutbanken verwendet wird, um die Übertragung von Hepatitis-Viren bei Bluttransfusionen zu verhindern.

Am materiellen Erfolg des Radioimmunoassays, der heute in die Hunderte von Millionen Dollar geht, haben Yalow und Berson in keiner Weise teilgehabt, denn beide Wissenschaftler versäumten es, sich ihre Methode patentieren zu lassen; sie weigerten sich auch hartnäckig, sich von einer der Gerätefirmen, die aus der Technik ihren Nutzen zogen, als Berater anheuern zu lassen. Rosalyn Yalow meint dazu: „Als ihr Angestellter wäre ich nicht mehr frei gewesen, meine Meinung über Politiken im Gebrauch von Radioimmunoassay-Prozeduren zu sagen. Ich bin bekannt für die Äußerung, daß ich den stark übertriebenen Gebrauch des Radioimmunoassay kritisiere, der als diagnostischer Test auch dann verkauft wird, wenn er in Wirklichkeit nicht sehr nützlich ist."[12]

Vielen, die in der Zeit zwischen 1950 und 1972 mit Yalow und Berson zusammenarbeiteten, erschienen die beiden wie ein altes Ehepaar. Dr. Jesse Roth z.B., Mitarbeiter in den sechziger Jahren und heute Chef der Diabetes-Abteilung am National Institute of Health, erzählt: „Oberflächlich betrachtet, spielte Dr. Yalow den ‚Aufpasser im Laden'. Wenn es im Laboratorium Mittagessen zu machen gab, dann machte sie es. Sie reservierte bei Reisen die Flüge, und sie achtete darauf, daß die Manuskripte abgingen."[13]

Berson dagegen, ein eleganter Stilist, war es, der die meisten der gemeinsamen Forschungsberichte formulierte. Er war es auch, der weitgehend den Lauf der Dinge im Laboratorium bestimmte. Er verfaßte sogar viele Vorträge von Rosalyn Yalow und explodierte, wenn sie ein Wort änderte. Meistenteils allerdings wurde er aufgefordert, in der Öffentlichkeit für sie beide zu sprechen.

Frau Yalow bestreitet ihren zweiten Platz hinter Berson nicht: „Ich fügte mich Menschen in dem Sinne, wie ich mich Sol fügte – sie mußten bloß besser sein als ich ... Es machte mir nichts aus, Sol den Vortritt zu lassen, denn Sol war es gewiß wert, überall der erste zu sein. Er war ein Führer in allem, was er tat, und es würde ihn sehr aus der Fassung gebracht haben, wenn ich mich nicht gefügt hätte. In Wirklichkeit war dabei auch nichts zu verlieren."

Rosalyn Yalow nahm es widerspruchslos hin, wenn renommierte Blätter wie das „New York Times Magazine" schrieben, die Natur ihrer eigenen Beiträge lasse sie neben Berson als die Farblosere erscheinen. Freundlicher und vielleicht zutreffender klingt allerdings das Urteil von Dr. Bernhard Strauss, der die beiden 1950 zusammenbrachte. Er meinte, daß Berson über „die biologische Brillanz" und Yalow über „die mathematische Muskelkraft" verfügt habe: „Berson war irgendwo ein Romantiker. Dr. Yalow war leidenschaftlich, ganz und gar Wissenschaftlerin und gewiß von festigendem Einfluß."

In den Jahren, in denen Yalow und Berson immer mehr Anerkennung für ihre Arbeit im Laboratorium fanden, wurden sie auch in der Öffentlichkeit immer bekannter. Auf Mediziner-Kongressen machte Rosalyn Yalow dabei durchaus eine nicht weniger gute Figur als Berson: Ihr ging der Ruf voran, „daß sie umso größer wurde, je mehr Publikum sie hatte." Als Solomon Berson ganz plötzlich im April 1972 einem Herzanfall erlag, wurde Rosalyn Yalow – wissenschaftlich gesehen – seine Witwe. Viele Leute dachten, daß ihr eine finstere Zukunft bevorstünde und sie nichts mehr im Laboratorium zustande brächte.

Die Unkenrufe erfüllten sich nicht. Frau Yalow forschte unangefochten auch in den nächsten fünf Jahren weiter, führte angefangene Untersuchungen fort, fing neue an und publizierte – erstmals allein – weitaus mehr als je zuvor. Zwischen 1972 und 1976 wurden ihr in eigenem Namen ein Dutzend Medizin-Preise zuerkannt, darunter der „Albert Lasker Basic Medical Research Award", den sie als erste Frau überhaupt erhielt und der als eine Art „Wartesaal" für den Nobelpreis gilt.

Der Nobelpreis blieb allerdings zunächst noch aus, obwohl sie dafür schon zusammen mit Berson im Gespräch gewesen war und beide durchaus mit dem Preis gerechnet hatten. Angeblich war ihrer beider Aggressivität im Umgang mit Fachkollegen daran schuld, daß sie ihn damals nicht bekamen.[14] Wenn Frau Yalow bei der Bekanntgabe der Nobelpreise im Oktober wieder einmal nicht zu den Glücklichen gehörte, pflegte sie allerdings ihre Enttäuschung nicht merken zu lassen. Dazu ihr Mann: „Ihre Reaktion war nur: ‚Was kann ich noch tun, um den Preis zu bekommen?'" Offenbar tat sie letztlich das Richtige: 1977 endlich kam der Medizin-Nobelpreis für Rosalyn Yalow, und die Wissenschaftlerin leugnete nicht, daß sie schon seit Jahren darauf gewartet hatte. Sie hatte auch längst einen Namen für ihn – in ihrer zupackenden Sprache hieß er seit Jahren „the big one" („der Große"). Frau Yalow hat sich nie gescheut, offen zuzugeben, daß sie diesen Preis unbedingt haben wollte, eine Tatsache, die von anderen Nobelpreisträgern und erst recht von Nobelpreisträgerinnen meist schamhaft verschwiegen wird.

Nicht zuletzt Rosalyn Yalows aktives Interesse am Nobelpreis zeigt ihre Zielstrebigkeit, ihr Durchsetzungsvermögen und ihren mangelnden Respekt vor heiligen Kühen. Schon als Studentin war sie bekannt für solche Eigenschaften: „Meine Angriffslust machte mich deutlich gut in gewissen Bereichen."[15] Ihr Charakter hat ohne Zweifel zu ihren Erfolgen in der Wissenschaft beigetragen. Sie wußte, daß Talent zwar wichtig für den Erfolg in der Forschung ist, aber letztlich auch der nötige Biß hinzukommen muß. Denn, so Rosalyn Yalow: „Viele gute Frauen sind verloren. Talent und Aggressivität sind zwei verschiedene Charakterzüge."

Dennoch war Rosalyn Yalow alles andere als eine soziale Rebellin. Die hochkarätige Wissenschaftlerin war nicht nur eine kompromißbereite Partnerin von Solomon Berson und eine verständnisvolle, warmherzige, mütterliche Ratgeberin für alle Mitarbeiter im Labor, sondern auch eine kluge, auf Harmonie bedachte Ehefrau und Mutter: „Ich wollte nicht anders sein als andere Frauen oder gegen die gängigen Gepflogenheiten angehen, außer wenn es für mich wichtig war. Mein Mann z.B. legt Wert auf eine koschere Küche. Und was macht eine koschere Küche schon mehr an Arbeit? Wenn Aaron andererseits etwas gegen meinen Beruf gehabt hätte, das wäre mir gegen das Prinzip gegangen, und ich hätte gemeutert."

Rosalyn Yalow weist es von sich, eine Feministin zu sein, auch wenn sie seinerzeit bei der Entgegennahme des Nobelpreises in Stockholm vor Studenten deutliche Worte in diese Richtung gesprochen hat: „Wir leben immer noch in einer Welt, in der ein wichtiger Prozentsatz von Leuten, einschließlich Frauen, glaubt, daß eine Frau ausschließlich ins Haus gehört und zu gehören wünscht, daß eine Frau nicht mehr zu erreichen suchen sollte als ihre männlichen Pendants und besonders nicht mehr als ihr Ehemann ... Aber wenn wir Frauen unser Ziel erreichen wollen, dann müssen wir an uns selbst glauben. Wir müssen unser Sehnen und Trachten in Einklang bringen mit Befähigung, Mut und dem Willen zum Erfolg, und wir müssen persönliche Verantwortlichkeit fühlen, den Pfad für jene zu ebnen, die danach kommen."[16]

Gegen Quotenregelungen für Frauen allerdings wendet sich Dr. Yalow energisch. Sie nennt solche Lösungen „umgekehrte Diskriminierung", die Frauen nur den Vorwurf der mangelnden Wettbewerbsfähigkeit eintrügen. Sie glaubt ihren Geschlechtsgenossinnen im Beruf die volle Männerrolle zumuten zu können, ohne ihnen dabei Abstriche an ihrer Rolle von Frau und Mutter zu konzedieren: „Die Sache, die mich irritiert, ist die Ansicht, daß bloß, weil Du arbeitest, Dein Ehemann die Hälfte der Verpflichtungen bei der Haushaltsführung oder der Kinderaufzucht übernehmen soll. Das ist nichts für mich. Wenn ein Ehemann von selbst Dinge tun möchte, so ist es gut; aber ich denke, Haushaltsführung gehört zur Verantwortung der Ehefrau."[17]

Sie selbst hat neben ihren 70 bis 80 Wochenstunden im Labor zwei Kinder großgezogen: 1952 wurde ihr Sohn Benjamin geboren, der heute Informatiker ist, und zwei Jahre später die Tochter Elanna, die an der Stanford Universität in Kalifornien in Erziehungspsychologie promoviert hat. Beide Kinder studierten nicht Medizin, obwohl es ihre Mutter gern gesehen hätte.

Auch in ihrer Mutterrolle scheint Rosalyn Yalow ebenso effizient wie perfekt gewesen zu sein: „Benjie wurde samstags geboren, am übernächsten Montag war ich wieder an der Arbeit. Weil ich dachte, daß jede Frau die Erfahrung gemacht haben sollte, ihr erstes Kind zu stillen, stillte ich Benjie zehn Wochen lang ... Benjie und ich hatten einen Nichtangriffspakt: Er schlief tagsüber, während ich im Labor war, und blieb die ganze

Nacht wach, wenn ich daheim war ... Bei Elanna mußte ich acht Tage in der Klinik bleiben. Ich fuhr danach sofort nach Washington, um einen Vortrag zu halten."[18]

Bis Ben acht Jahre alt war, hatten die Yalows eine Ganztagshilfe, später eine Stundenfrau. Weder Sohn noch Tochter empfanden ihre Kindheit als ungewöhnlich. Elanna erinnert sich zwar daran, daß sie am Sonntag Nachmittag ihre Mutter ins Labor zu begleiten pflegte, um dort mit den Versuchstieren zu spielen. Aber sonst unterschied sich ihre Mutter nicht von anderen Müttern – „z.B. in der Art, wie sie uns zum Essen brachte und uns anschrie, wenn wir nicht aßen."

Als ihre Kinder älter wurden und auf die Höhere Schule gingen, arbeitete Frau Yalow länger im Labor. Sie kam von da ab erst am Spätnachmittag nach Hause, beladen mit Tüten und Taschen aus dem Supermarkt, kochte das Abendessen und ging zwei Stunden später zurück an ihre Arbeit im Labor. Ihre Kinder hatten dadurch mehr Freiheit als andere im gleichen Alter und genossen das durchaus. Dennoch möchte Elanna Yalow, längst selbst verheiratet, ihr eigenes Leben anders richten: „Obwohl ich mehr Feministin bin als meine Mutter, fühle ich mich nicht veranlaßt zu beweisen, daß es eine Frau in der Männerwelt schaffen kann. Ich habe eine weibliche Bilderbuchkarriere gesehen, aber auch ihre Opfer. Ich würde niemals 70 oder 80 Stunden die Woche in den Beruf stecken, wie es meine Mutter getan hat. Sie hat dabei wahrscheinlich einiges davon verpaßt, wie ihre Kinder groß wurden."

Rosalyn Yalow allerdings meint, daß sie ihren Kindern gerade dadurch den eigenen Weg erleichterte, daß sie ihnen die frühzeitige Ablösung von der Mutter ermöglicht hat. Im übrigen ist sie stolz darauf, daß sie nicht nur ihre beiden eigenen Kinder zu Hause, sondern auch etliche „berufliche" Kinder im Labor großgezogen hat. Sie leben heute über die ganze Welt verteilt, und viele von ihnen nehmen eine führende Rolle in der klinischen Medizin ein. Dr. Yalow hat sich bemüht, ihnen allen nicht nur ihre Forschungstechniken, sondern auch ihre Forschungsphilosophie mitzugeben.

Barbara McClintock
Medizin-Nobelpreis 1983

„Ich habe eine Menge berühmter Wissenschaftler gekannt. Aber das einzige wirkliche Genie darunter war Barbara McClintock," sagt der amerikanische Zellgenetiker Marcus Rhoades von seiner einstigen Kollegin aus den Tagen gemeinsamer Forschung in den zwanziger Jahren.[1] Dieses Genie hat sechzig Jahre später für seine bahnbrechende Entdeckung veränderlicher genetischer Elemente 1983 den Nobelpreis für Medizin und Physiologie bekommen. Das universelle Konzept, das Frau McClintock am Mais entdeckte, gilt nicht nur für Pflanzen, sondern gleichermaßen für alle anderen Lebewesen – Bakterien, Hunde, Menschen.

Noch keiner Frau zuvor und nie wieder danach ist allein ein ganzer Medizin-Nobelpreis zuerkannt worden. Dabei schien der Preis für die amerikanische Biochemikerin längst überfällig und seine Vorgeschichte hat etwas von einem wissenschaftlichen Märchen mit spätem „happy end". Die Hauptrolle darin spielt eine einsame Forscherin, die uneigennützig im intellektuellen Exil ihre Ideen verfolgte, verachtet und belächelt von den anderen Wissenschaftlern, bis spätere Entdeckungen ihr recht gaben.

Ihren Medizin-Nobelpreis erhielt Barbara McClintock für eine wissenschaftliche Pionierleistung, die mehr als dreißig Jahre zurückliegt, deren Bedeutung man aber damals nicht erkannt hat. Darin ging es Frau McClintock ähnlich wie einem knappen Jahrhundert zuvor dem Mönch Gregor Mendel, der die Lehre von der Vererbung begründet hatte, zu seinem Leidwesen aber dem Verständnis seiner Zeitgenossen weit voraus war. Als Barbara McClintock im Jahre 1951 die Ergebnisse ihrer jahrelangen Fleißarbeit ihren Fachkollegen auf dem Cold Spring Harbor Symposium vorstellte und erstmals von „controlling elements"

Barbara McClintock

in Mais-Genen sprach, löste sie nur Achselzucken und Heiterkeit aus.

Das Unverständnis ihrer Kollegen lag nicht zuletzt daran, daß es sich um eine „verfrühte Entdeckung"[2] handelte, noch dazu um eine fast skandalöse Vermutung, die in keiner Weise in das Denken der Zeit einzuordnen war und die auch kaum jemand begriff. Hinzukam, daß die rechte Sprache zur Beschreibung fehlte. Dazu Barbara McClintock: „Man muß sich daran erinnern, daß zu dieser Zeit selbst passende Fachausdrücke schwierig zu finden waren."[3] Erst eine viel spätere Generation von Biologen schuf die entsprechende Terminologie.

Frau McClintocks Leistung stieß überdies auf erhebliche Zweifel: War es überhaupt möglich, daß eine einzelne Person die Knochenarbeit, die zur Entdeckung beweglicher genetischer Elemente im Mais geleistet werden mußte, innerhalb von sechs Jahren zu bewältigen vermochte? Die Wissenschaftlerin hatte allerdings in dieser Zeit auch unvorstellbar geschuftet. Anfängliches Forscherglück hatte sie dabei beflügelt: Ihre frühen Arbeiten über die Chromosomen des Mais in den zwanziger und dreißiger Jahren hatten schnell Anerkennung gefunden, und sie arbeitete begeistert weiter. Als ihre Forschung in den vierziger Jahren für die damalige Zeit unkonventionelle Ergebnisse zeigte, stoppte ihr Erfolg, und sie stieß auf Widerstand.

Barbara McClintock beobachtete nämlich in den Nachkommen von Mais-Pflanzen Eigenschaften, die mit dem herkömmlichen genetischen Wissen nicht in Einklang zu bringen waren: Die Körner waren nicht mehr einheitlich gelb, sondern unterschieden sich auf vielfältige Weise in ihrem äußeren Erscheinungsbild. Die Forscherin fand eine ganze Farbpalette von schwarz über rostrot, rosa, gelb, weiß bis hin zu gepunktet oder gemasert. Auch die äußere Form änderte sich und war schrumplig, oval, glatt und rundlich. Diese Veränderungen blieben keineswegs in der nächsten Generation stabil, sondern konnten verlorengehen und durch andere ersetzt werden. Die Schlußfolgerung und geniale Leistung Barbara McClintocks war es, mobile genetische Elemente, die innerhalb eines Chromosoms von einem Ort zum anderen springen und auf diese

Weise Gene ein- und abschalten, als die Ursache zu erkennen. Diese sog. „Transposition" aber entsprach den inzwischen zum Dogma erhobenen Mendelschen Regeln der Vererbung in keiner Weise.

Die Gleichgültigkeit der Fachwelt gegenüber McClintocks damals revolutionären Erkenntnissen ist heute nur zu begreifen, wenn man bedenkt, wie wenig man Anfang der fünfziger Jahre des vergangenen Jahrhunderts über die Erbinformation wußte: Die Struktur der Desoxyribonukleinsäure, der DNS, also der Trägermoleküle der Erbinformation, war zu dieser Zeit noch gänzlich unbekannt. Das Postulat eines beweglichen genetischen Elements verstieß im übrigen sträflich gegen die herrschende Vorstellung von einem starren Gerüst der Trägermoleküle der Erbinformation, der Ortsfestigkeit der Gene.

Erst zwei Jahrzehnte später wurde die Pionierleistung von Frau McClintock erkannt, als andere Wissenschaftler an anderen Untersuchungsgegenständen, nämlich Bakterien, herausfanden, daß sich das genetische Material verändern kann. Die Definition des Gens als starre Einheit erwies sich als falsch. Man mußte einsehen, daß genetische Flexibilität und Variabilität nicht nur ein Kuriosum beim Mais sind, sondern eine wesentliche Eigenschaft des Erbguts überhaupt.

Mit dem Einsatz molekularbiologischer Techniken Anfang der siebziger Jahre kam der späte wissenschaftliche Durchbruch für Barbara McClintock, der nach rund weiteren zehn Jahren mit der Verleihung des Nobelpreises im Jahre 1983 an die inzwischen Einundachtzigjährige seine vorläufig letzte Krönung fand.

Obwohl die Leistungen der amerikanischen Biochemikerin bahnbrechend waren – an die Belohnung von Greisen hatte Alfred Nobel sicher nicht gedacht, als er 1895 in seinem Testament den nach ihm benannten Preis ausdrücklich für junge, um Anerkennung ringende Wissenschaftler stiftete. Diesem Bild entsprach Frau McClintock in keiner Weise. Selbst das nicht geringe Durchschnittsalter weiblicher Nobelpreisträger von 56 Jahren hat sie noch um ein Vierteljahrhundert überschritten.

Ihr später Nobelpreis ist im übrigen der neuerliche Beweis dafür, daß die Nobelkomitees niemals auf weniger bekannte, geschweige denn umstrittene Namen bei der Preisverteilung setzen. Meist dauert es denn auch rund zehn Jahre von einer bedeutenden Entdeckung bis hin zur ihrer Kürung in Stockholm. Daß es bei Barbara McClintock sogar die dreifache Zeit gebraucht hat, hängt damit zusammen, daß die Forscherin auch bei den eigenen Fachkollegen nach ihrer verfrühten Entdeckung, für die es keinerlei Problemlösungsdruck in ihrer Zeit gab, lange auf Anerkennung warten mußte: Für Frau McClintock war die Aufmerksamkeit in der Fachwelt nach ihrer bahnbrechenden Entdeckung viele Jahre gleich null.

Ihre nachfolgende, langjährige wissenschaftliche Isolation wurde vermutlich noch durch den Umstand verschärft, daß es eine Frau war, die die beweglichen genetischen Elemente beim Mais gefunden hatte. Statt neue Formen für die Vermittlung ihrer wissenschaftlichen Erkenntnisse zu suchen, wählte Barbara McClintock aus Enttäuschung die innere Emigration. Sie hörte auf, wissenschaftliche Arbeiten in Fachzeitschriften zu veröffentlichen, und legte ihre Untersuchungsergebnisse nur noch in den Jahresberichten ihrer Institution nieder. Auf Jahre hinaus vermied sie überdies jedes Fachgespräch, es sei denn, es waren Menschen, die sie auf ihrer Seite wußte. Ein solches Verhalten wird von den Psychologen heute als mangelnder „Killerinstinkt" und fehlendes Durchsetzungsvermögen gedeutet, Eigenschaften, die als typisch weiblich eingeordnet werden.

Barbara McClintock resignierte allerdings keineswegs sofort. Nicht nur 1951, sondern auch 1956 trug sie unbeirrt ihre Idee von den beweglichen genetischen Elementen ihren Fachkollegen vor. Die aber konnten und wollten sie nicht verstehen, nicht zuletzt auch wohl deshalb, weil sie selbst zu wenig von der Genetik des Mais wußten, die zu diesem Zeitpunkt kein populärer Forschungsgegenstand mehr war.

Selbst 1960, als Barbara McClintock in einem Zeitschriftenartikel die engen Parallelen zwischen dem kurz zuvor veröffentlichten System der beiden Franzosen François Jacob und

Jacques Monod und ihren eigenen Erkenntnissen aufzeigte, fand sie wenig Beachtung, nicht einmal bei Jacob und Monod selbst. Die beiden französischen Wissenschaftler unterließen es, die amerikanische Mais-Forscherin in einem kurz darauf von ihnen veröffentlichten wichtigen Review-Beitrag über ihre Forschung auch nur zu erwähnen – „ein unglückliches Versehen", wie sie es irgendwann danach nannten.[4] Jacob und Monod wurden bereits 1965 für ihre Arbeit über genetische Regelmechanismen in Bakterien mit einem Medizin-Nobelpreis ausgezeichnet. Barbara McClintock mußte noch achtzehn Jahre darauf warten.

Zehn Jahre später kamen weitere neue und überraschende Erkenntnisse aus der Bakterien-Forschung, die McClintocks These von den beweglichen genetischen Elementen im Mais aufwerteten. Nun endlich zögerte die Fachwelt nicht länger mit offizieller Anerkennung: 1978 verlieh die Brandeis-Universität ihren Rosenstiel-Preis an Frau McClintock, 1979 folgten Ehrendoktorate der Rockefeller und der Harvard-Universität, 1981 der Mac Arthur Laureate Preis, verbunden mit einem lebenslangen jährlichen Stipendium von 60.000 Dollar, in demselben Jahr noch der Lasker-Preis, der als sicheres Zeichen für die Aussicht auf den Medizin-Nobelpreis gilt, 1982 der Horwitz-Preis der Columbia Universität und 1983 schließlich der wissenschaftliche Super-Preis, der Nobelpreis.

In der für sie „stillen" Zeit von der Mitte der fünfziger bis zum Ende der siebziger Jahre hatte Barbara McClintock trotz aller enttäuschenden Zurückweisungen durch die Fachwelt ihre wissenschaftliche Forschung nicht aufgesteckt, sondern unbeirrt weitergearbeitet. Die Kraft dazu nahm sie wohl aus dem Training ihrer frühen Jugend, wo sie gleichfalls ihren Weg gegangen war, ohne sich von irgendjemand oder irgendetwas irritieren zu lassen. Das Talent, allein auszukommen und ihre Unabhängigkeit über alles zu setzen, hatte sie schon als kleines Mädchen bewiesen, auch wenn sie in ihrer Jugend keineswegs eine Einzelgängerin gewesen war.

Am 16. Juni 1902 in Hartford/Connecticut als dritte Tochter einer amerikanischen Ostküsten-Familie geboren, wuchs Barbara McClintock bis zum Schulbeginn nicht bei ihren Eltern, sondern bei Onkel und Tante fern von zuhause in Massachusetts auf. Voll Stolz erinnert sich Barbara McClintock noch im Alter, daß sie damals „absolut kein Heimweh hatte".[5] Der Grund dafür lag wohl in ihrem delikaten Verhältnis zur Mutter, einer hochkultivierten, dominanten Frau aus ältestem amerikanischen Ostküstenadel, die „unter ihrem Stand" einen noch nicht examinierten jungen Arzt, Einwanderer erst in der 2. Generation, geehelicht hatte und nun die wachsende Sippe in bedrängten wirtschaftlichen Verhältnissen durch Klavierstunden über die Runden zu bringen versuchte. Mrs. Sara McClintock war ohne Zweifel von den rasch folgenden Geburten ihrer Kinder überfordert und wohl kaum in der Lage, ihrer dritten Tochter die nötige Aufmerksamkeit zukommen zu lassen, vor allem nachdem zweieinhalb Jahre später der ersehnte Sohn geboren wurde.

Ihr Platz in der Geschwisterreihe stellte für Barbara McClintock offenbar die emotionalen Weichen fürs ganze Leben: Das Verhältnis zur Mutter blieb distanziert, auch als das kleine Mädchen nach Hause zurückkehrte. Die Sechsjährige ließ sich nicht einmal von der Mutter in den Arm nehmen.[6] Heute führt Barbara McClintock den Umstand, daß sie so früh ein einsames und unabhängiges Kind wurde, auf ihre frühkindlichen Spannungen mit der Mutter zurück. Da half es offenbar auch wenig, daß sie Vaters Liebling war.[7]

Dabei zeigten Sara und Thomas McClintock als Eltern für die damalige Zeit ungewöhnliche Liberalität ihren Kindern gegenüber: Deren Vorlieben, Neigungen und Interessen hatten absoluten Vorrang vor allem anderen. Wenn Barbara und ihre Geschwister beispielsweise nicht in die Schule gehen wollten, dann mußten sie es auch nicht. In der Familie wurde der Schule nur wenig Einfluß auf die heranwachsenden Kinder eingeräumt. Barbaras Vater machte der Schulverwaltung unmißverständlich klar, daß seine Kinder keine Hausaufgaben aufbekommen durften – sechs Stunden Schule am Tag hielt er als Mediziner für mehr als genug.

Barbara McClintock selbst erinnert sich, daß sie als Kind und junges Mädchen keinerlei Freundinnen, sondern nur Freunde hatte. Aus praktischen Gründen lief sie wie ein Junge angezogen umher. Ihre Eltern hatten nichts dagegen, auch nichts gegen ihre Neigung für eher männliche Sportarten, in denen sie bald mit jedem Jungen mithalten konnte. Sara und Thomas McClintock verteidigten das Äußere und das Benehmen ihrer Tochter gegen alle Anwürfe aus der Nachbarschaft.

An der Erasmus Hall High School in Brooklyn in New York entdeckte Barbara McClintock die Naturwissenschaften, speziell Mathematik und Physik, und ihre Freude, knifflige Probleme zu lösen, begann zu wachsen. Sie selbst beschreibt diese Erfahrung: „Ich löste einige der Probleme auf eine Weise, die nicht den Antworten entsprachen, die der Lehrer erwartete. Ich bat den Lehrer dann: ‚Bitte, lassen Sie mich sehen, ob ich auch die Standard-Antwort finde!' – und ich fand sie. Es war ein gewaltiges Vergnügen, dieser ganze Prozeß, die Antwort zu finden, wirklich ein pures Vergnügen."[8]

Als das heranwachsende Mädchen deutliche intellektuelle Ansprüche entwickelte und ihre vormalige Leidenschaft für Sport in den Hunger nach Wissen ummünzte, bekam es Mutter McClintock mit der Angst zu tun. Sie mußte eine Zeitlang ihre Kinder allein erziehen, weil ihr Mann als Militärarzt im 1. Weltkrieg nach Übersee geschickt worden war, und fürchtete bei Barbara wie schon bei ihren beiden ältesten Töchtern, daß zuviel Bildung deren Heiratschancen mindern würde. Im Falle ihrer dritten Tochter schien alles noch schlimmer zu werden: „Sie hatte Angst, daß ich womöglich College-Professor werden könnte", erinnert sich Barbara McClintock, „eine jener seltsamen Personen, die nicht zur Gesellschaft gehören."[9] Aber die Eltern McClintock, die ihren Kindern von Anfang an den Weg zur Selbstbestimmung gewiesen hatten, konnten Barbaras Entscheidung für ein Universitätsstudium nicht aufhalten: 1919 schrieb sie sich an der Landwirtschaftlichen Fakultät der Cornell Universität ein.

Dieser Schritt war zwar neu in ihrer Familie, aber zu dieser Zeit in den USA nicht mehr ungewöhnlich. Bereits seit der Jahrhundertwende war die höhere Bildung für Frauen ihrer

Herkunft in den Vereinigten Staaten in Mode gekommen. Allein in Neu-England gab es fünf Mädchen-Colleges, und zahlreiche Universitäten ließen auch Studentinnen zu.

Besonders die Universitätsstadt Cornell in den Wäldern des Staates New York, 300 km von der Stadt gleichen Namens entfernt, zog zu dieser Zeit eine breite Zahl hochmotivierter junger Frauen an. Im Jahre 1923, als Barbara McClintock graduierte, ging ein Drittel der College-Abschlüsse, die Cornell vergab, an Frauen. In der Landwirtschaftlichen Fakultät war jeder Vierte eine Studentin.

Barbara McClintock war von Cornell begeistert: „Es gab viele Dinge im College zu lernen, die man damals draußen nicht lernte. Man traf Leute aus allen Gruppen und Gesellschaftsschichten; man erwarb Kenntnisse über Leute von überall her. College war wirklich ein Traum."[10]

Zu Beginn ihrer College-Zeit blühte Barbara McClintock auch äußerlich auf. Sie hatte viele Kontakte, wurde häufig eingeladen und mit diversen Ehrenämtern bedacht. Aber die Hoffnung ihrer Familie, daß Barbara zu einem Leben als Ehefrau und Mutter finden würde, blieb unerfüllt. Für sie hatte ein solches Dasein niemals Reiz: „Ich erinnere mich, daß ich mich zu einigen Männern emotional hingezogen fühlte, aber sie waren Künstler der einen oder anderen Richtung, keine Wissenschaftler ... Diese Bindungen hätten nicht gehalten, keine davon. Es gab einfach nicht die starke Notwendigkeit für eine persönliche Bindung an irgendjemand ... Ich konnte Heirat nie verstehen. Ich tue es selbst heute nicht. Ich machte nie die Erfahrung, sie zu brauchen."[11]

Genau so wenig brauchte Barbara McClintock jemals in ihrem Leben die äußeren Attribute weiblicher Schönheit: Schon frühzeitig, als es noch längst nicht Mode war, trug sie aus praktischen Gründen ihre Haare kurz geschnitten und bei der Arbeit in den Mais-Feldern wenig kleidsame Knickerbockers. Sie lehnte es von Jugend an ab, das zu tun, was sie „den Torso dekorieren" nannte.[12]

Übrigens war es nicht die Vision einer beruflichen Karriere, die Barbara McClintock von privaten Bindungen freihielt: „Ich erinnere mich, daß ich tat, was ich tun wollte, und daß da absolut kein Gedanke an eine Karriere war. Ich hatte einfach eine herrliche Zeit."[13]

Die herrliche Zeit war offenbar zugleich eine sehr lehrreiche: Bereits am Ende ihres 3. College-Jahres war die junge Studentin auf dem besten Weg, eine professionelle Wissenschaftlerin zu werden, und das, obwohl es nie zuvor sonderliches Interesse in ihrer Familie für die Wissenschaft gegeben hatte: Sie wurde vom Genetiker ihrer Fakultät Professor C.B. Hutchison persönlich zum Besuch des Graduiertenkurses in Genetik eingeladen und hatte damit inoffiziell bereits den Status einer Graduierten. Diese persönliche Aufforderung stellte die Weichen für die Zukunft: Sie blieb bei der Gentik. Daneben hörte sie, so viel sie konnte, Botanik, Zoologie und Zytologie. Besonders reizte sie schon damals die Beschäftigung mit Zellen und Chromosomen.

Bald verzichtete McClintock mehr und mehr auf alle überflüssigen Kontakte und Aktivitäten außerhalb des Studiums. So gab sie auch ihre Mitwirkung in einer studentischen Jazz-Combo auf, in der sie Banjo gespielt hatte: „Ich konnte nicht bis tief in die Nacht aufbleiben und noch genug Schlaf bekommen."[14] Die Biochemie wurde zu ihrer alles verzehrenden Leidenschaft, neben der nur noch ab und an ein Tennis-Match Platz hatte: „Ich war so interessiert an dem, was ich tat, daß ich es morgens kaum erwarten konnte, aufzustehen und daran zu gehen."[15]

Ihre wissenschaftliche Besessenheit ging bald so weit, daß sie sich eines Tages am Schluß einer brillant bewältigten Examensarbeit nicht einmal mehr an ihren eigenen Namen erinnern konnte und geschlagene zwanzig Minuten brauchte, bis sie ihn in ihr Gedächtnis zurückgerufen hatte.[16]

Mit ihren Lehrern in Cornell hatte Barbara McClintock ausgesprochen Glück. Sie selbst war sehr froh darüber, daß man die Professoren näher kennenlernen und auch außerhalb der Vorlesungen und Seminare mit ihnen sprechen konnte. Besonders guten Kontakt hatte sie zu Lester Sharp, einem Zytologie-Professor aus der Abteilung für Botanik, der Barbara McClintock Samstag morgens Privatunterricht in Arbeitstechniken zur Analyse von Zellen gab. Später wurde er ihr Doktorvater und sie seine erste Assistentin. Bereits als sie graduierte Studentin war, konnte sie selbständig zytologisch arbeiten. Sharp ließ ihr dabei komplett freie Hand, gab ihr aber seine volle Unterstützung.

Zu diesem Zeitpunkt hatte Barbara McClintock schon einen ersten Forschungserfolg verbucht: Als wissenschaftliche Hilfskraft bei dem Zytologen Lowell Randolph hatte sie eine Methode zur Identifizierung von Mais-Chromosomen entwickelt, mit deren Hilfe sich die einzelnen Chromosomen im Chromosomen-Satz einer jeden Zelle unterscheiden ließen. Sie sollte diese Methode ein Leben lang nutzen. Ihr Auftraggeber, der sich schon seit langem mit diesem Problem herumgeschlagen hatte, war angeblich von dem raschen Forscherglück seiner jungen Mitarbeiterin alles andere als begeistert.[17]

Kurz darauf begann McClintocks fruchtbare wissenschaftliche Zusammenarbeit mit dem damaligen Doktoranden Marcus Rhoades, der später ein führender Genetiker werden sollte. Auch er untersuchte Mais-Chromosomen und nicht die genetische Struktur der Drosophila-Fliege wie damals bereits üblich. Der Genetiker und spätere Medizin-Nobelpreisträger des Jahres 1958 George Beadle, der in den Maisfeldern von Nebraska aufgewachsen war, arbeitete bald als Dritter im Bunde bis zum Jahre 1935 mit. Barbara McClintock war dabei die alles beflügelnde Inspiration der kleinen Forschergruppe, die diese Periode noch heute als die wichtigste in ihrer aller Leben ansieht. Noch mehr als fünfzig Jahre später schwärmt Marcus Rhoades von McClintock: „Ich liebte Barbara – sie war großartig!"[18]

Nicht überall begegnete man jedoch der jungen Forscherin mit Sympathie: Die meisten ihrer Kollegen hielten Barbara für sehr klug, viele jedoch auch für etwas schwierig. Rhoades weiß dafür eine Erklärung: „Barbara konnte keine Dummköpfe ertragen – sie war zu gescheit!"[19] Tatsächlich war McClintocks quicker Verstand und scharfer Witz gepaart mit einer gewissen Ungeduld all jenen gegenüber, deren Intellekt nicht so schnell reagierte.

Genetische Forschung am Mais setzt harte Arbeit auf dem Feld voraus, wo die Maispflanzen gesetzt, gehegt und gepflegt werden müssen. Die jungen Pflanzen brauchen große Hitze, um gedeihen zu können, und ständige Bewässerung, da sie niemals austrocknen dürfen. Dennoch zählten die Tage auf den Versuchsfeldern von Cornell zu den glücklichsten und wissenschaftlich fruchtbarsten von Barbara McClintock. Ihr erster Artikel über die Genetik des Mais stammt aus dem Jahre 1926. Allein in den Jahren 1929 bis 1931 veröffentlichte sie neun weitere Berichte mit ihren Forschungsergebnissen über die Gestalt von Mais-Chromosomen und ihre Erfolge, bestimmte Eigenschaften der Maiszellen in Beziehung zu setzen zu bestimmten genetischen Eigenschaften des Mais. Der Beitrag, der sie endgültig bekannt machte, erschien im August 1931 in „Proceedings of the National Academy of Sciences" pünktlich zum 6. Internationalen Kongreß für Genetik.

An eine kontinuierliche wissenschaftliche Karriere war für Barbara McClintock zu diesem Zeitpunkt trotzdem nicht zu denken. Es war die Zeit der großen Depression, und Frauen hatten angesichts der Stellenknappheit in den Labors noch weniger Chancen, als es dem Stand der Emanzipation entsprach: Weder in Cornell noch sonstwo gab es eine passende, bezahlte Tätigkeit für die junge Maisforscherin. Eine Zeitlang arbeitete sie ohne jegliche Bezahlung. Zwei Jahre lang schlug sie sich mit einem Stipendium des National Research Council durch, 1933 ging sie mit einem Guggenheim Stipendium nach Deutschland, einem Land, das sie als kalt, regnerisch und politisch feindlich empfand und vorzeitig verließ.

Auch in den folgenden drei Jahren fand Barbara McClintock trotz ihrer vorzüglichen Qualifikation und ihrer in den dreißiger Jahren wachsenden Reputation im Gegensatz zu ihren männlichen Kollegen keine feste Anstellung. Sie arbeitete weiterhin in ihrem alten Laboratorium in Cornell und wurde auf Fürsprache der dortigen Universität aus Geldern der Rockefeller Stiftung bezahlt. Erst im Frühjahr 1936 tat sich endlich eine Nische auf – sie nahm eine Offerte als Assistenzprofessorin an der Universität von Missouri in Columbia an, wo sie – nicht sonderlich glücklich – bis 1941 aushielt.

Ihr Ruf, schwierig und exzentrisch zu sein, wuchs in dieser Zeit. Man warf ihr vor, die Lehre für Studenten in den Anfangssemestern sowie alle Routinearbeiten zu verschmähen und nur an der Forschung interessiert zu sein. Einem Mann hätte man solches Verhalten vielleicht verziehen, bei ihr als Frau gab es kaum Pardon für so viel Einzelgängertum.

Dabei drückte sich Barbara McClintocks Hang zum Unkonventionellen eher in dem Stil und der Interessenlage ihrer Arbeit aus als in der Art, direkte theoretische Kontroversen in der Wissenschaft zu suchen. Die Artikel, die sie schrieb, waren im Gegenteil charakterisiert durch äußerste Vorsicht in der Interpretation und peinlich genaue Beobachtung, die die höchsten Standards der neuen Biologie hochhielt.[20] Marcus Rhoades geht noch weiter und bescheinigt ihr für ihre Veröffentlichungen „typische Präzision und Eleganz".[21]

Als Frau McClintock im Jahre 1941 Missouri verließ, gab sie den einzigen, anspruchsvolleren Job auf, den sie bis dahin hatte – ohne Aussicht auf einen neuen. Erst ein Jahr später erhielt sie auf Fürsprache eines einflußreichen Kollegen eine Anstellung am genetischen Department der Carnegie Institution im idyllischen Cold Spring Harbor auf Long Island, eine Autostunde von New York entfernt. Endlich bot sich ihr ein regelmäßiges Gehalt, das sie bei aller Bedürfnislosigkeit und bescheidenen Lebensführung schließlich doch brauchte, dazu ein Platz, wo sie ihren Mais züchten konnte, ein Forschungslabor für ihre Arbeit und ein eigenes Zuhause – und das ohne Lehrverpflichtungen, Verwaltungsarbeit und Fakultätsärger.

Dennoch tat sich Barbara McClintock zunächst schwer, das Angebot zu akzeptieren. Sie erklärt das so: „Ich war mir damals noch nicht klar, ob ich überhaupt einen Job wollte ... Ich wollte mich nicht binden, weil ich die Freiheit genoß, und wollte sie nicht verlieren."[22] Sie band sich schließlich doch noch und fand als „Staff Member" in Cold Spring Harbor außerhalb des üblichen akademischen Umfeldes eine lebenswichtige ökologische Nische in der US-Forschungslandschaft ohne Lehrverpflichtung – zum Glück für sie und die amerikanische Wissenschaft.

Das Jahr 1944 brachte für Barbara McClintock hohe Ehren und sichtbare Beweise für ihr wachsendes Ansehen in ihrem Fach: Zunächst wurde sie als dritte Frau in die amerikanische National Academy of Sciences gewählt. Sie kommentierte damals nüchtern: „Ich muß zugeben, ich war erstaunt. Juden, Frauen und Neger sind an Diskriminierung gewöhnt und erwarten nicht viel. Ich bin keine Feministin, aber ich bin immer dankbar, wenn unlogische Barrieren zerbrochen werden – für Juden, Frauen und Neger usw. Es hilft uns allen."[23] Noch mehr dürfte die inzwischen zweiundvierzigjährige Forscherin das zweite Ehrenamt im gleichen Jahr erstaunt haben – ihre Wahl zum Präsidenten der Genetischen Gesellschaft Amerikas, der bis dahin noch nie eine Frau gewesen war.

Just zu dieser Zeit begann Frau McClintock die Arbeit, die sie letzlich zu ihrem großen Wurf, den beweglichen genetischen Elementen, später auch „jumping genes", d. h. „springende Gene" genannt, führte. Ihre Beobachtungen von den ersten Anfängen bis zu den letzten Schlußfolgerungen dauerten sechs Jahre, und der Weg war nicht ohne Hindernisse. Berge von Papier, dicke Bücher mit Daten über jede einzelne Maispflanze und ein dreiteiliges voluminöses Manuskript standen am Ende.

An die Öffentlichkeit ging Barbara McClintock mit ihren neuen Ergebnissen erst beim Cold Spring Harbor Symposium 1951, nach ihrem mißglückten ersten Anlauf ein weiteres Mal 1956 – mit demselben negativen Ergebnis. Ihr Mißerfolg war ein herber Schock für sie, die bis dahin – so nicht von allen geliebt – doch anerkannt und respektiert gewesen war, und auch die Solidarität einiger weniger Freunde, Verbündeter und Mitarbeiter konnte diese Enttäuschung nicht wettmachen.

Der Graben zwischen Barbara McClintocks Entdeckungen und dem Wissen ihrer Kollegen war tief: Auf der einen Seite stand die neue Einsicht der aus dem Organismus selbst heraus regulierten, beweglichen genetischen Elemente und auf der anderen Seite die überkommene Auffassung von dem Gen als fester, unveränderlicher Erbeinheit, die allenfalls dem Zufall unterworfen sein kann.

Aber nicht nur McClintocks neue Ideen machten den Genetikern ihrer Zeit Schwierigkeiten, auch ihre Art der Sprache verstanden sie nicht.[24] Kein Wunder – Frau McClintock hatte sechs Jahre fast völlig isoliert an ihrem neuen System gearbeitet und dreißig Jahre lang ohne sonderliche Kollegenkontakte und ohne die Arbeit mit Studenten Mais-Forschung betrieben. Ihre Kenntnisse über den Mais waren äußerst intim und gründlich, aber auch irgendwo sehr speziell, weil in völliger Isolation und ohne verbale Bewältigung durch wissenschaftliche Diskussionen gewonnen. Barbara McClintock hatte dabei eine Beobachtungsweise entwickelt, die für Außenstehende und auch die Biologen ihrer Zeit kaum nachzuvollziehen war.

Weil sie durch jahrelanges Beobachten mehr wußte vom Mais, konnte sie auch mehr in seinen Zellen sehen. Voraussetzung für sie war, „daß man Zeit haben muß zu sehen, Geduld zu hören, was das Material einem sagt, Offenheit, es zu sich kommen zu lassen. Vor allem aber muß man ein Gefühl für den Organismus haben. Man muß verstehen können, wie er wächst, seine Teile verstehen, verstehen, wenn etwas schiefläuft. Ein Organismus ist nicht etwa ein Stück Plastik, es ist etwas, das ständig durch die Umgebung beeinflußt wird. Man muß auf all das genau aufpassen und die Pflanzen gut genug kennen, um zu merken, wenn sich etwas ändert."[25]

Pflanzen waren für Barbara McClintock Individuen, ja Persönlichkeiten: „Man muß ein Gefühl für jede individuelle Pflanze haben. Niemals sind zwei Pflanzen gleich. Alle sind verschieden; und man muß die Unterschiede kennen ... Ich kenne jede Pflanze auf dem Feld. Ich bin mit jeder vertraut, und ich finde großes Vergnügen daran, sie zu kennen."[26]

Wie subtil Frau McClintocks Beziehungen zu Pflanzen als einer Form des Lebendigen waren, zeigten ihre Schuldgefühle: „Jedesmal, wenn ich über Gras laufe, tut es mir leid, weil ich weiß, daß das Gras zu mir aufschreit."[27]

Aus der jungen, drahtigen, quicklebendigen Forscherin von einst wurde in späteren Jahren eine fragile alte Dame mit kreisrunden Brillengläsern, gütigen, weisen Augen und einem Gesicht voller Lachfältchen und Wetterspuren. Manch einem jungen Molekularbiologen heute, der mit avancierten physikalisch-chemischen Methoden der Erbsubstanz im Reagenzglas direkt auf den Leib rückt, mochte Barbara McClintock, die noch immer wie Mendel in seinem Klostergarten bei ihrer Forschung vom äußeren Erscheinungsbild der Pflanzen ausging, wie ein Wesen aus der Steinzeit vorkommen. Schon James Watson, dem späteren Medizin-Nobelpreisträger von 1962, war es so ergangen; als Student Ende der vierziger Jahre in Cold Spring Harbor hatte er nur von Barbara McClintock Kenntnis genommen, wenn er mit seinen Freunden Baseball gespielt hatte und der Ball in ihr Maisfeld gefallen war.[28] Doch nach wie vor beharrte Frau McClintock auf ihrer Methode und auf ihrem unerschütterlichen Glauben an die Gesetzlichkeit der Natur, die es zu entdecken und zu erforschen gilt.

Für Barbara McClintock war die Wissenschaft ihr Leben. Als sie erfuhr, daß sie den Nobelpreis erhalten habe, nannte sie es „eigentlich unfair, eine Person dafür zu belohnen, daß sie all die Jahre über so viel Spaß hatte, die Maispflanze zu bitten, bestimmte Probleme zu lesen und dann ihre Antwort zu beobachten."[29] Am 2. September 1992 ist Barbara McClintock im Alter von 90 Jahren auf Long Island gestorben.

In Deutschland blieb die amerikanische Nobelpreisträgerin so gut wie unbekannt. Nur wenige überregionale Zeitungen vermerkten den Tod der hochbetagten Forscherin. Sie hat bis in ihre letzten Tage vor den Toren New Yorks Maispflanzen miteinander gekreuzt und die Resultate ausgewertet – von vielen wegen ihrer Geduld bewundert, von jungen Molekularbiologen aber auch wegen ihrer altmodischen Techniken belächelt.

Rita Levi-Montalcini
Medizin-Nobelpreis 1986

Erstmals nach drei Jahren konnte der schwedische König am 10. Dezember 1986 wieder einen Nobelpreis an eine Frau verleihen: Professor Dr. Rita Levi-Montalcini, Preisträgerin für Medizin, durchbrach aufs Angenehmste die Männerriege der übrigen Laureaten. Die grazile, damals siebenundsiebzigjährige und damit zweitälteste Preisträgerin in der Geschichte der weiblichen Nobelpreise war der Star dieser Nobelfeier in Stockholm.

Zwei Tage zuvor hatte sie am schwedischen Karolinska Institut in einem Feuerwerk von italienisch akzentuiertem Englisch nicht nur über ihre Entdeckung des Nervenwachstumsfaktors, sondern auch über ihre gegenwärtige Forschung berichtet. Frau Levi-Montalcini, die sich mit dem amerikanischen Biochemiker Stanley Cohen von der Vanderbilt-Universität in Nashville in den Medizin-Nobelpreis 1986 teilte, ist die 9. wissenschaftliche Nobelpreisträgerin und die 4. Medizinerin, die in den bisher 90 Jahren der Nobelpreisvergabe zu solch höchsten wissenschaftlichen Weihen vorgestoßen ist. Sie ist die bisher einzige Italienerin, die die begehrte Wissenschaftstrophäe errungen hat. Allerdings können auch die USA Frau Levi-Montalcini mit Fug und Recht zu ihrem Kontingent an Nobelpreisträgern rechnen, denn sie hat zugleich die amerikanische Staatsangehörigkeit und ihre wichtigsten Arbeiten in den USA durchgeführt.

Die mit dem Nobelpreis geehrten Entdeckungen von Rita Levi-Montalcini und Stanley Cohen waren zum Zeitpunkt ihrer Würdigung in Stockholm mehr als zwei Jahrzehnte alt. Ihre richtungsweisende Bedeutung hatte sich erst in den letzten Jahren herauskristallisiert. Vor allem durch die intensiven Anstrengungen, die Entstehung von Krebs aufzuklären, waren die Wachstumsfaktoren in den Mittelpunkt des Interesses gerückt.

Rita Levi-Montalcini

Die Erkenntnisse, die mit dem Medizin-Nobelpreis 1986 ausgezeichnet wurden, sind von grundlegender Wichtigkeit für das Verständnis der Steuerungsmechanismen, die den Zuwachs von Zellen und Geweben regulieren. Das Muster dieses Prozesses war zwar seit langem bekannt. Doch erst Rita Levi-Montalcini und Stanley Cohen konnten zeigen, wie das Wachstum der Zellen und ihre Differenzierung in verschiedene Richtungen vor sich geht: Die Kommunikation zwischen Körper- und Nervenzellen geschieht über hochaktive, hormonähnliche Signalsubstanzen. Die zwei ersten davon haben die beiden späteren Medizin-Nobelpreisträger entdeckt – den sogenannten „Nervenwachstumsfaktor" und den „Hautwachstumsfaktor".

Das Nobelpreiskomitee begründete den Preis an die Botenstoff-Entdecker mit dem großen grundlagenwissenschaftlichen und praktischen Interesse ihrer Entdeckungen: „Als direkte Folge davon haben wir jetzt ein größeres Verständnis für die Ursachen gewisser Krankheitsprozesse, z.B. das Entstehen von Mißbildungen, erblichen Defekten, degenerativen Veränderungen wie Seniler Demenz, Defekten bei der Heilung von Gewebeschäden und nicht zuletzt Tumorkrankheiten. Die Erforschung der Faktoren, die den Zellenzuwachs steuern, wird deshalb im Laufe der nächsten Jahre sowohl für die Entwicklung besserer Behandlungsmethoden als auch neuer Arzneimittel von großer Bedeutung sein."[1]

Rita Levi-Montalcini beschäftigte sich seit rund einem halben Jahrhundert mit der Zell- und Entwicklungsbiologie. Wer die Forscherin bei der Nobelpreisvergabe in Stockholm von Angesicht gesehen hat, vergaß augenblicklich alle Klischees, die er über weibliche Wissenschaftler gehört haben mag. Ihnen eilt ja der Ruf voraus, arbeitsame, graue Labormäuse zu sein, die das übrige Leben schlichtweg für Zeitverschwendung halten. Die jugendlich alerte, unverheiratete Medizinerin dagegen, die in Rom mit ihrer Zwillingsschwester, einer bekannten Malerin, zusammenlebt, war von auffallender römischer Eleganz und das genaue Gegenteil eines menschenscheuen, unansehnlichen Blaustrumpfs. Ausstaffiert vom römischen Modeschöpfer Roberto

Capucci, der sonst für den Geldadel und die Aristokratie schneidert, hätte man sie mit ihrem blau-silbernen Pagenkopf, ihrer stolzen Haltung und ihren temperamentvollen Gesten eher in einem italienischen Palazzo vermutet. Am Rande der Feierlichkeiten in Stockholm hielt sie denn auch gekonnt Hof, umgeben von einem Familienclan aus Neffen, Nichten und Anverwandten aller Altersstufen.

Die am 22. April 1909 geborene Tochter eines begüterten Turiner Ingenieurs – zusammen mit ihrer Zwillingsschwester Paola das jüngste der vier Kinder von Adamo Levi und Adele Montalcini – wußte schon als junges Mädchen genau, was sie wollte. Ende der zwanziger Jahre, als sie sich entschloß, Medizin zu studieren, gehörte auch für eine Frau aus hochkultivierten großbürgerlichen Verhältnissen noch Mut dazu, eine solche Entscheidung durchzusetzen, und Adamo Levi war alles andere als glücklich über den Entschluß seiner Tochter. Sie selbst sagt, daß sie die persönliche Erfahrung von Krankheit und Tod zu ihrem für die damalige Zeit höchst ungewöhnlichen Entschluß geführt hat. Beigetragen hat aber wohl auch ihre mangelnde Neigung, sich in die eingefahrene Rolle als Ehefrau und Mutter zu fügen: „Mit zwanzig Jahren wagte ich endlich, meinem Vater zu sagen, daß ich keine Lust hatte, Ehefrau und Mutter zu werden, sondern lieber Medizin studieren wollte. Meine Kinderfrau war gerade an Krebs gestorben, und ein Jahr später starb auch mein Vater an einer Herzattacke. Das führte mich endgültig zur Medizin."[2]

Rita Levi-Montalcini war eine von sieben Frauen, die in den dreißiger Jahren zusammen mit 150 männlichen Kommilitonen in Turin Medizin studierten. Die norditalienische Stadt muß ein preisträchtiges Pflaster gewesen sein: Denn unter ihrem damaligen Professor Guiseppe Levi, der trotz der Namensgleichheit nicht mit ihr verwandt war, bildete sich eine kleine Gruppe brillanter Studenten, aus der noch vor Frau Levi-Montalcini zwei weitere Medizin-Nobelpreisträger hervorgingen – Salvadore Luria (1969) und Renato Dulbecco (1975).

Im Jahre 1936 machte Rita Levi-Montalcini mit der Note „summa cum laude" ihren medizinischen Doktor und begann anschließend eine dreijährige Facharztausbildung in Neurologie und Psychiatrie. Sie arbeitete zwei Jahre als Assistenzärztin an der Uni-Klinik für Neurologie und Psychiatrie in Turin. Daß sie sich letztlich aus der praktischen Arbeit als Medizinerin zurückziehen und der medizinischen Forschung zuwenden mußte, lag an den politischen Wirren dieser Zeit, genauer gesagt an ihrem jüdischen Namen: „Mussolini hinderte mich daran, als Arzt praktisch zu arbeiten. Er nahm mir durch seine Rassengesetze die Entscheidung ab, ob ich praktizieren oder lieber forschen sollte. Ich hätte gar nicht praktisch arbeiten können, selbst wenn ich es gewollt hätte. Ich durfte ja nicht einmal meine eigenen Rezepte unterschreiben."[3]

Zum Glück war die ausländische Fachwelt bereits auf Rita Levi-Montalcinis Forschungsarbeiten aufmerksam geworden. So konnte sie 1938 Italien verlassen und einer Einladung nach Belgien an das Institut für Neurologie der Universität Brüssel folgen. Sie arbeitete dort zwei Jahre. Beim Einmarsch der Deutschen nach Belgien blieb ihr nichts anderes übrig, als nach Turin zurückzukehren. Unbeirrt von Bombenalarm, Stromausfall und materieller Not setzte sie dort in ihrer eigenen, winzigen Wohnung auf engstem Raum neben ihrem Bett ihre Forschungen fort, zu denen sie ein Artikel des Amerikaners Viktor Hamburger aus dem Jahre 1934 inspiriert hatte: „Als Belgien von den Nazis überflutet wurde, mußte ich wieder nach Turin zurück. Ich richtete mir ein Laboratorium in meinem Schlafzimmer ein, einem sehr kleinen Raum, wo ich eine Menge Arbeit geschafft habe."[4]

Schließlich floh die Wissenschaftlerin vor dem Bombenhagel in Turin nach Piemonte aufs Land und improvisierte dort in einem kleinen Haus ein Mini-Laboratorium, wo sie von 1941 bis 1943 weiterarbeitete. Nur zu oft sparte sich Rita Levi-Montalcini das Frühstücksei vom Mund ab, um es lieber in ihren Brutofen zu stecken. Zum Verzehr kam es dann einige Tage später, wenn die Forscherin aus dem ausgebrüteten Ei sorgfältig den Hühnerembryo herauspräpariert hatte.

Eier waren die Grundlage von Rita Levi-Montalcinis Forschung. Sie brauchte sie, weil sie Krebszellen von Mäusen in junge Hühnerembryonen verpflanzte, um dort die Entwicklung des Nervensystems studieren zu können.

Es war damals bereits bekannt, daß implantiertes Gewebe das Wachstum von Nervenzellen anzuregen vermag. Und Rita Levi-Montalcini konnte an ihren mit Krebszellen geimpften Hühnerembryonen schließlich nachweisen, daß das embryonale Nervengewebe übermäßig wuchs. Sie folgerte daraus, daß vom Tumor eine Substanz ausging, die das Wachstum der Nervenzellen förderte.

Erste Mutmaßungen in dieser Richtung konnte die Jüdin Rita Levi-Montalcini in Italien nicht publizieren. Ihre Forschungsberichte erschienen deshalb im belgischen Magazin „Archives de Biologie" [5]. Gelesen wurden diese Beiträge auch von dem einstigen geistigen Vater ihrer Forschungen, dem amerikanischen Biochemiker Viktor Hamburger in St. Louis in Missouri, der die junge Wissenschaftlerin daraufhin in sein Labor im Fachbereich Zoologie an die dortige Washington-Universität einlud, dieselbe Universität, an der Gerty Theresa Cori 1947 ihren Medizin-Nobelpreis erhielt. Auch Hamburger bevorzugtes Forschungsobjekt waren Küken-Embryonen, auf die er Gliederknospen verpflanzte, um deren nervliche Weiterentwicklung zu beobachten.

Im Herbst 1947 endlich konnte Rita Levi-Montalcini dem attraktiven Angebot nach Übersee folgen. Bis dahin arbeitete sie zunächst bis Kriegsende nach dem Vormarsch der angloamerikanischen Truppen als Ärztin für die Amerikanische Armee in einem Flüchtlingslager in Florenz und dann zwei Jahre lang als wissenschaftliche Assistentin am Institut für Anatomie an der Turiner Universität.

Anfangs war ein Aufenthalt von zehn Monaten in den USA geplant. Daraus wurden dreißig Jahre, in denen sie intensiv mit Victor Hamburger kooperierte. 1951 entdeckte sie in seinem Labor den Nervenwachstumsfaktor, der ihr ein lebenslanges, völlig neues Forschungsgebiet erschloß. In demselben Jahr 1951 wurde Rita Levi-Montalcini Assistenzprofessorin in St. Louis, sieben Jahre später, im Jahre 1958, erhielt sie dort ihre erste Professur im Fachbereich Zoologie.

Wie andere Wissenschaftler vor ihr hatte Rita Levi-Montalcini zunächst versucht, die stoffliche Basis der Kräfte, die Nervenzellen während der Entwicklung in ihr Zielorgan wachsen lassen, am lebenden Tier zu untersuchen. Ihre Forschung brachte die entscheidende Wende, als sie im Labor von Victor Hamburger die gewohnten Pfade verließ und das Wachstum von Nervenzellen nicht mehr an Embryonen, sondern an isolierten Nerven in Gewebekultur untersuchte. Das war zu dieser Zeit ein unorthodoxes Vorgehen: Um 1950 kam es noch einem schwierigen Abenteuer gleich, isoliertes Gewebe in Kultur zu erhalten und zum Wachsen zu bringen. Dennoch war Rita Levi-Montalcini von Anfang an überzeugt, daß sie das Richtige tat. Sie schrieb viele Jahre später dazu: „Die Gewebekultur (die in den frühen fünfziger Jahren von ihrer heutigen Universalität noch weit entfernt war) schien eine brauchbare Alternative zu bieten. Wenn nämlich das Sarkom 180 (ein bei Mäusen auftretender Tumor, d. Verf.) einen Faktor ausschüttet, der das Nervenwachstum verstärkt, dann mußte die gemeinsame Kultur von Tumor und isoliertem sympathischem Ganglion zum selben Ergebnis führen."[6]

Die Forscherin präparierte aus jungen Hühnerembryonen periphere Nerven, die vom Rückenmark zur Hautoberfläche wuchsen, umgab diese in der Kulturschale im Abstand von einigen Millimetern mit Gewebestückchen aus einem Bindegewebstumor der Maus und bettete alles in ein gelartiges Nährmedium ein. Nach wenigen Tagen sprossen aus dem Nerv zahlreiche Nervenzellfortsätze wie die Strahlen aus einer Sonne hervor.

Die Vermutung lag nahe, daß es ein lösliches Molekül sein müsse, das von den Bindegewebszellen ausgesandt wurde und die Nervenzellen zum Längenwachstum und zur Verzweigung anregte. Mit großer Geduld und Beharrlichkeit suchte die italienische Zellbiologin nach diesem aktiven Molekül. Sie fand es, und 1954 erhielt die gefundene Substanz den Namen „Nervenwachstumsfaktor". Einige der Substanzeigenschaften waren zu diesem Zeitpunkt bereits bekannt. Die chemische Charakterisierung aber stand noch aus. Dazu Rita Levi-Montalcini: „Die

Entdeckung, daß der Tumor seinen wachstumsfördernden Einfluß auch auf isolierte Ganglien in der Gewebekultur ausübt, war der Wendepunkt unserer Forschung. Jetzt konnten wir in wenigen Stunden zahlreiche Gewebe, Flüssigkeiten und Chemikalien prüfen, um die Quelle der wachstumsfördernden Aktivität zu finden, und wir konnten uns an die Isolierung des Nervenwachstumsfaktors wagen."[7]

Hilfe kam dabei von dem jungen amerikanischen Biochemiker Stanley Cohen, den man in St. Louis für die Isolierung des wachstumsfördernden Moleküls gewonnen hatte. Er sollte herausfinden, ob der Nervenwachstumsfaktor aus Eiweiß oder aus Nukleinsäure, also einem Stückchen Erbsubstanz, bestand. Cohen behandelte einen Mäusetumorextrakt mit Schlangengift und identifizierte so den wachstumsfördernden Stoff als Eiweißmolekül. Dieses Molekül kommt, wie man heute weiß, als Nervenwachstumsfaktor bei allen Wirbeltieren vor.

Nachdem der Nervenwachstumsfaktor chemisch isoliert war, gingen Rita Levi-Montalcini und Stanley Cohen seiner physiologischen Wirkung in einer Reihe von Tierversuchen nach: Sie injizierten die Substanz in neugeborene Mäuse. Deren Ganglien wurden daraufhin zehnmal größer als die der Kontrolltiere. Umgekehrt führten Antikörper, die man gegen den Nervenwachstumsfaktor hergestellt hatte, nach der Injektion zur Verkümmerung der Ganglien.

Wenig später entdeckte Stanley Cohen in der Speicheldrüse männlicher Mäuse eine noch bedeutend ergiebigere Quelle für den Wachstumsfaktor und damit einen weiteren wichtigen Botenstoff für das Nervensystem, den „Hautwachstumsfaktor". Dieser Stoff beschleunigt u.a. die Heilung von Wunden an der Haut und der Hornhaut, indem er die Vermehrung von Epithelzellen anregt.

Inzwischen sind über zwanzig zusätzliche Wachstumsfaktoren gefunden worden, darunter die Wachstumsfaktoren für Blutplättchen, Bindegewebszellen und Lymphozyten. Besonders interessant an den Wachstumsfaktoren ist der Umstand, daß sie offenbar eine Rolle bei der Entstehung von Krebs spielen: Unter den bisher identifizierten Krebsgenen fanden sich denn auch Gene, die die Bildung von Wachstumsfaktoren bestimmen. Zur falschen Zeit aktiv, können diese Krebsgene Krebswachstum zumindest mitverursachen.

Damit haben sich auch für Rita Levi-Montalcini und Stanley Cohen neue Fragestellungen eröffnet. Beide Wissenschaftler blieben der Grundlagenforschung über Wachstumsfaktoren bis heute treu. Ihre Zusammenarbeit war ohne Zweifel sehr fruchtbar und hat ihnen weltweite Anerkennung bereits vor dem gemeinsamen Nobelpreis gebracht. Allein Frau Levi-Montalcini hatte zwei Lehrstühle, einen in USA und einen in Rom, acht Ehrendoktorate, davon drei amerikanische, ein schwedisches, ein englisches, ein argentinisches und ein brasilianisches, die Mitgliedschaft in zahlreichen renommierten wissenschaftlichen Gremien sowie eine kaum mehr überschaubare Zahl wissenschaftlicher Ehrungen und Preise, darunter 1982 den Rosenstiel-Preis der Brandeis-Universität und 1983 den Horwitz-Preis der Columbia-Universität, Preise, die jeweils wenige Jahre zuvor auch Barbara McClintock, Medizin-Nobelpreisträgerin 1983 und als Laureatin unmittelbare Vorläuferin von Rita Levi-Montalcini, erhalten hatte.

Die wissenschaftliche Biographie von Rita Levi-Montalcini zeigt die unermüdliche Aktivität der italienischen Zellbiologin und auch ihr Bemühen, die Forschung von Heimat- und Gastland fruchtbar zu verbinden: Nach ihrer Professur in den Jahren 1958 bis 1961 im Fachbereich für Zoologie an der Washington-Universität leitete sie in den folgenden acht Jahren ein gemeinsames amerikanisch-italienisches Forschungsprogramm der Washington-Universität und des Staatlichen Instituts für Gesundheitswesen in Rom. Auch die nächsten Jahre war sie für Heimat und Gastland zugleich tätig: Von 1969 bis 1979 hatte sie einen Lehrstuhl im Fachbereich für Biologie an der Washington-Universität und war in Personalunion Direktorin des neugegründeten Laboratoriums für Zellbiologie des Italienischen Nationalen Forschungsrats in Rom. Seit ihrer Emeritierung in USA im Jahre 1977 widmete sie sich hauptberuflich ihrer Forschungsarbeit im römischen Laboratorium.

Seit 1987 konnte Rita Levi-Montalcini ihre neurologische Arbeit in einem neuen Institut fortsetzen, das wohl ein Tribut des italienischen Staates an ihren Nobelpreis gewesen ist. Natürlich ging es dabei um weitere Experimente und Forschungen über die Wirkung des von Frau Levi-Montalcini entdeckten Nervenwachstumsfaktors. Im Mittelpunkt des Interesses stand der mögliche Einfluß des Nervenwachstumsfaktors nicht nur auf periphere Nerven, die lange Gegenstand der Forschung gewesen sind, sondern auf das Zentralnervensystem.

Das Zentralnervensystem ist wesentlich wichtiger als die peripheren Nerven, denn degenerative Prozesse des Zentralnervensystems sind von großer Tragweite. Sie führen zu Alzheimer-Erkrankung und zur Altersdemenz. Mit den jüngsten Forschungen wurde denn auch die Hoffnung verbunden, daß der Nervenwachstumsfaktor vielleicht eines Tages solche Prozesse aufhalten und therapeutisch bei Verletzungen des Nervensystems und Gehirns helfen kann, die heute in vielen Fällen noch unheilbar sind.

Die medizinischen Erwartungen haben sich jedoch nicht erfüllt. Weder bei Karzinomen noch bei der Alzheimer-Krankheit, unfallbedingten Rückenmarksverletzungen oder multipler Sklerose wurden mit Hilfe von Wachstumsfaktoren Fortschritte in der Therapie erzielt. Lediglich in der Augenheilkunde gelang es, den Wirkungsmechanismus des Hautwachstumsfaktors in einem Medikament zur Anwendung zu bringen. Bei dem Produkt handelt es sich um Augentropfen zur Behandlung von Hornhautverletzungen durch Glassplitter, Säuren oder Viren. Ansonsten überwiegt der theoretische Erkenntnisgewinn bis heute die praktischen Anwendungsmöglichkeiten der Wachstumsfaktoren.

Die Arbeit des Instituts für Neurobiologie am nördlichen Rand der italienischen Hauptstadt wird von einem langjährigen Mitarbeiter der Nobelpreisträgerin, Professor Pietro Calissano, geleitet. Nominell allerdings steht die 92 Jahre alte Professora Levi-Montalcini dem Institut vor, „als Gastprofessor und Vollzeitforscher", und sie läßt sich auch noch fast täglich dort sehen.

Der Weg dorthin ist weit. Noch immer lebt Rita Levi-Montalcini zusammen mit ihrer Schwester, einer kleinen, rundlichen Dame und äußerlich das genaue Gegenteil der Nobelpreisträgerin, in der Endetage eines neueren Mehrfamilienhauses in der Nähe der Villa Massimo. Auch nach dem Nobelpreis hat sie ihren gewohnten Lebensstil nicht geändert. Von dem Geld, das sie aus Stockholm erhielt – immerhin rund 300.000 DM –, hat sie einen Teil für die neue Synagoge am Ufer des Tiber gestiftet. Manchmal, wenn auch nicht sehr häufig, sieht man sie zu Fuß dorthin spazieren.

Ansonsten aber durchquert Rita Levi-Montalcini wie früher, als sie ihr altes Labor in der Nähe der Piazza del Popolo genau an der Grenze zum barocken Rom erreichen mußte, auch heute noch in ihrem kleinen Fiat auf dem Weg zum Institut regelmäßig die halbe Stadt, und manch ein Polizist auf der Strecke kennt die temperamentvolle Fahrweise der alten Dame. Solange sie lebt, wird sie wohl nicht von ihrer Forschung lassen. Auch im Alter gehört ihre ungeteilte Liebe der Wissenschaft, wie ihre 1988 erschienenen Memoiren „Elogio dell'imperfezione"[8] verraten, in denen sie ihr Leben und ihre Wissenschaft zusammenfassend darstellt.

Der Titel „Lob der Unvollkommenheit" hat dabei weniger mit ihrem eigenen Leben als mit ihrem Denken über das Leben allgemein zu tun: Professor Levi-Montalcini preist in ihrem Buch die Unvollkommenheit der menschlichen Natur, die ihrer Meinung nach dem Menschen seine speziellen Risiken, aber auch seine Chancen im Leben gibt und im übrigen alles ausmacht, was wir sind, worunter wir leiden und worüber wir uns freuen. Hinter dieser Vorstellung steht das bei Biologen sehr beliebte, auf die Zeit Darwins zurückgehende Konzept der anthropologischen Defizienz, derzufolge der Mensch für den Lebenskampf biologisch viel schlechter gerüstet ist als beispielsweise eine Küchenschabe (Levi-Montalcini: „cock-roach"), die als eine Art perfekte kleine Maschine bestens an ihre Lebensbedingungen angepaßt ist. Der Mensch dagegen ist variabel und muß all seine geistigen Kräfte einsetzen, um sein biologisches Defizit auszugleichen und in den Fährnissen des Lebens zu bestehen.

Rita Levi-Montalcini ist schon jetzt ein Monument: Die italienische Forscherin, geboren im ersten Jahrzehnt des vergangenen Jahrhunderts, leistete nicht nur Pionierarbeit in der Zellbiologie, sondern war auch eine der frühen Frauen in den Naturwissenschaften. Weibliche Diskriminierung als Wissenschaftlerin hat sie, wie sie sagt, dennoch nie kennengelernt: „Ich habe mich nie als Frau in der Wissenschaft diskriminiert gefühlt. Viele Frauen reden ja davon. Ich bin immer von meinen männlichen Kollegen gut aufgenommen worden. Die wissenschaftliche Gemeinschaft hat mich wie einen Mann akzeptiert. Kein Problem, welcher Art auch immer, als Frau."[9]

Frau Levi-Montalcini meint denn auch, daß es für Frauen gar nicht so schwer sei, den Weg in die Wissenschaft zu finden und trotzdem ihre Identität als Frau zu bewahren, vielleicht sogar Ehefrau und Mutter zu sein. Wichtig scheint ihr dafür einerseits, den richtigen Partner zu wählen, mit dem man sein Leben teilt, andererseits aber auch genügend Hingabe an die Sache zu investieren und auch in schlimmen Zeiten den Mut zu bewahren, wie sie selbst es unter dem faschistischen Regime getan hat. Ihr Rat an junge Wissenschaftlerinnen oder solche, die es werden wollen, lautet denn auch ganz simpel: „Fürchte Dich niemals vor irgendetwas, auch nicht vor der Zukunft. Wenn Du etwas tust, tu es ganz und nicht halb, und überleg Dir im übrigen genau, mit wem Du Dein Leben teilen willst. Dann schaffst Du es, wenn Du es möchtest, Ehefrau, Mutter und Wissenschaftlerin zugleich zu sein!"[10]

Gertrude Elion
Medizin-Nobelpreis 1988

Die Kette amerikanischer Medizin-Nobel-Laureatinnen schien lange nicht abreißen zu wollen: Im Jahre 1988 bekam die Pharmakologin Gertrude Belle Elion einen Nobelpreis für Medizin wie vor ihr bereits in unmittelbarer Folge Rita Levi-Montalcini (1986), Barbara McClintock (1983) und Rosalyn Yalow (1977) sowie vier Jahrzehnte früher Gerty Theresa Cori (1947). Gertrude Elion – zum Zeitpunkt ihrer Ehrung siebzig Jahre alt und seit fünf Jahren pensioniert – teilte sich eine Hälfte des Preises mit ihrem 83-jährigen Kollegen George Herbert Hitchings, mit dem sie seit 1944 an den „Wellcome Research Laboratories" im Research Triangle Park in North Carolina eng zusammengearbeitet hatte. Die andere Hälfte des Preises ging an den Engländer Sir James Black vom King's College in London.

Das Nobel-Komitee zeichnete die drei Forscher aus für ihre „Entdeckungen bedeutender Prinzipien medikamentöser Behandlungen ... Prinzipien, die die Entwicklung von Serien neuer Medikamente zur Folge hatten". Den Entdeckungen lagen jahrzehntelange Untersuchungen des Stoffwechsels gesunder und kranker Zellen zugrunde, die teilweise bereits seit den fünfziger Jahren eine medikamentöse Behandlung verschiedenster Krankheiten erlaubten, z.B. von Leukämie, Malaria, Gicht und Herpes, sowie erstmals die Abwehrreaktionen des Körpers bei Organtransplantationen erfolgreich unterdrücken halfen.[1]

Nur selten wurde ein Nobelpreis für Forschungen verliehen, die solch unmittelbaren Bezug zur Anwendung im medizinischen Alltag hatten. Die letzte Ehrung dieser Art hatte 1957 dem Italiener Daniele Bovet für seine Entdeckung der Antihistamine gegolten. Der Nobelpreis an Gertrude Elion war auch insofern ein Bruch mit der gängigen Tradition, als er nicht me-

Gertrude B. Elion

dizinische Forschung an einer Hochschule belohnte, sondern unter anderem an zwei hochkarätige Industrieforscher ging, was nach wie vor die Ausnahme ist. Kollegen meinten denn auch, Frau Elion – obwohl bereits zuvor mit wissenschaftlichen Auszeichnungen und Ehrendoktorhüten hochdekoriert – habe niemals daran gedacht, daß sie für einen Nobelpreis in Frage kommen könne.[2] Das nimmt auch aus einem anderen Grund nicht wunder: Elions Preis kam gut dreißig Jahre nach ihren eigentlichen Entdeckungen, also mit einer in Stockholm überdurchschnittlich langen Zeitverzögerung.

Trudy Elion, die am 23. Januar 1918 in New York als Tochter des Zahnarztes Robert Elion und seiner Ehefrau Bertha Cohen geboren wurde, hat sich selbst einmal als „das glückliche Opfer der Depression" bezeichnet.[3] Ihr ging es in der Zeit extremer wirtschaftlicher Anspannung in den dreißiger Jahren ähnlich wie ihren Nobel-Kolleginnen Theresa Cori, Maria Göppert-Mayer und Barbara McClintock, die alle große Mühe hatten, in der Wissenschaft Fuß zu fassen. Die junge Chemikerin, die nach einem blendenden Studium 1937 das Hunter College verließ und 1941 an der New York-Universität ein excellentes Magister-Examen ablegte, mußte ins Berufsleben, noch bevor sie ihre Doktorarbeit beenden konnte. Sie hatte es ausgesprochen schwer bei der Stellensuche. Eine Zeitlang unterrichtete sie Chemie und Physik an Schulen, dann arbeitete sie im Labor eines großen Nahrungsmittelkonzerns, wo sie den Säuregehalt von Essiggurken prüfte und Obacht gab, daß keine schimmeligen Beeren in die Marmelade-Produktion gelangten.[4]

Dann im Jahre 1944 am Ende des 2. Weltkrieges entspannte sich die Lage auf dem Arbeitsmarkt, und auch Trudy Elion profitierte davon, daß männliche Kollegen zu kriegswichtigen Arbeiten abkommandiert wurden. Die großen Firmen waren deshalb bereit, Frauen einzustellen, und plötzlich hatte Trudy Elion gleich mehrere interessante Offerten, aus denen sie eine Wahl treffen konnte, die ihrer Qualifikation und Neigung entsprach: Seit sie als Schulmädchen miterlebt hatte, daß ihr Großvater an Magenkrebs gestorben war, hatte sie in die Krebsforschung gewollt. So entschied sie sich für die „Wellcome Research Laboratories", also die Forschungsabteilung eines großen Pharmazie-Konzerns. Gertrude Elion blieb ihrem neuen Arbeitgeber rund vierzig Jahre bis zu ihrer Pensionierung treu. Ihre Freunde glauben, daß sie die einzige Frau überhaupt sei, die so lange in verantwortlicher Position im Labor einer pharmazeutischen Firma tätig gewesen ist.

Ihr Start in der Pharma-Industrie begann an einem Samstag-Morgen im Juni 1944, als die damals 26-jährige Trudy Elion ihr bestes Kostüm anzog, das Haus ihrer Eltern im New Yorker Stadtteil Bronx verließ und den Zug nach Tuckahoe bestieg, um einen gewissen Dr. George Hitchings bei der „Burroughs Wellcome Company" aufzusuchen. Hitchings arbeitete damals bereits seit zwei Jahren bei dem Unternehmen und suchte eine Assistentin. Er erklärte der attraktiven jungen Frau mit den flammend roten Haaren, die sich bei ihm vorstellte, in einem langen Gespräch die Art seiner eigenen Tätigkeit im Labor und welche Aufgaben dabei auf seine Assistentin zukommen würden. Hitchings erinnert sich, daß er sofort von Elions Schwung und Intelligenz begeistert war: „Sie wollte fünfzig Dollar die Woche, und ich fand, sie war es wert."[5] Frau Elion amüsiert sich noch heute darüber, daß eigentlich sie es war, die die Richtung des Einstellungsgespräches bestimmt hat: „In Wirklichkeit war ich es, die ihn interviewte."[6]

Wer auch immer wen ausfragte, Hitchings jedenfalls ließ sich nicht davon abhalten, die junge Gertrude Elion einzustellen, auch wenn Einwände aus dem eigenen Labor kamen – die dort tätige Chemikerin Elvira Falco riet Hitchings von ihr als neuer Mitarbeiterin ab, weil sie zu schick gekleidet sei...

Es dauerte nicht lange, und Trudy Elion arbeitete im Tuckahoe Laboratorium. Ihr Raum lag in einem anderen Stockwerk als der von Hitchings, und so waren die beiden häufig im Treppenhaus anzutreffen, auf dem Weg ins jeweils andere Stockwerk. Das Labor war damals klein und der Arbeitsstil informell. Die Wissenschaftler rannten die Stufen rauf und runter, um Einfälle und Ideen auszutauschen. Hitchings war Elion immer einen Schritt voraus, und wenn er eine neue Aufgabe übernahm, dann setzte sie seine alte Arbeit fort. Die Art des Labors und das Wesen der beiden Forscher allerdings sorgte dafür, daß Hitchings und Elion kooperierten, wo immer es möglich war.

Schon bevor Hitchings in die Dienste von „Burroughs Wellcome" trat, hatte er Überlegungen dazu angestellt, daß es möglich sein müsse, durch gezielte Veränderung von für die Lebensprozesse wichtigen Chemikalien die Art und Weise des Zellwachstums zu ändern, um dadurch die Vermehrung unerwünschter Zellen zu verhindern. Er dachte dabei an Substanzen, die selektiv wirken, die also etwa Krebszellen in Mitleidenschaft ziehen, aber gesunde Zellen verschonen. Hitchings war auf diesem Weg schon ein Stück vorangekommen, als Trudy Elion bei ihm anfing. Die beiden Wissenschaftler konzentrierten dann ihre gemeinsame Arbeit vollends auf die Prozesse, durch die die Bausteine der Nukleinsäuren, die Nukleotide, synthetisiert werden. Sie stellten Verbindungen her, die die Nukleotid-Synthese und damit die Desoxyribonukleinsäure (DNS) beeinflussen.

In den späten vierziger und frühen fünfziger Jahren versprachen ein paar der DNS-Synthese-Inhibitoren, die als Antimetaboliten bekannt sind, einige günstige Eigenschaften als Krebsmedikamente. Besonders einer der Wirkstoffe, das „6-Mercaptopurin", das Gertrude Elion entwickelt hatte, zeigte bei klinischen Versuchen im Sloan-Kettering-Institut in New York positiven Einfluß auf Leukämie-Patienten. „Bei ‚6-Mercaptopurin' wußten wir, daß wir auf der richtigen Spur waren", sagt Frau Elion heute.[7] Das Medikament wird tatsächlich noch immer – in Kombination mit anderen Präparaten – zur Behandlung von akuter Leukämie benutzt.

Inhibitoren der Nukleinsäure-Synthese sind in der Krebs-Chemotherapie wirksam, weil Zellen ihre DNS verdoppeln müssen, um sich teilen zu können. Substanzen, die das verhindern, sind toxisch. Da sich Krebszellen schnell teilen, sprechen sie auf die Wirkung solcher Substanzen besser an als sich langsam teilende gesunde Zellen. Heute ist dieser Zusammenhang allgemein bekannt. In den vierziger Jahren jedoch, als Hitchings und Elion ihre Untersuchungen begannen, wußte man noch wenig über Nuklein-Säuren. Gerade eben fing man an, die DNS als Träger der Erbinformation anzuerkennen. Zur Chemotherapie bei Krebs gab es zu dieser Zeit überhaupt noch keine Erfahrung.

„Mercaptopurin", das Leukämie-Medikament, das Trudy Elion gefunden hatte, erwies sich als gut, aber letztlich noch nicht als gut genug. Trudy Elion besuchte manchmal Patienten, die „Mercaptopurin" nahmen. Die meisten waren Kinder, und ihre Rückfallquote war hoch. „Davon bekamen wir ein schrecklich flaues Gefühl im Magen", sagt sie heute dazu.[8] So setzte sie die Suche nach wirksameren Anti-Leukämie-Stoffen fort. Sie verbrachte sechs volle Jahre damit, den Stoffwechsel des „Mercaptopurin" im Menschen zu analysieren, und versuchte dabei herauszufinden, warum die Substanz nicht dauerhaft im Körper wirksam blieb. Eine langfristig aktive Variante ihres Medikaments fand sie jedoch niemals.

Während Frau Elion „Mercaptopurin" zu optimieren suchte, kam sie zur völlig unerwarteten Lösung eines anderen Problems: Sie entdeckte eine modifizierte Form des „Mercaptopurin", die später „Imuran" genannt wurde. Das war die erste Substanz, die die Autoimmunreaktion im Körper unterdrückte und verhinderte, daß fremdes Gewebe nach einer Transplantation wieder abgestoßen wird. Der erste Patient, der von der Wirkung von „Imuran" profitierte, war Ende 1960 ein Collie-Hund namens „Lollipop", dem an der Harvard School of Medicine eine neue Niere eingepflanzt worden war. Er lebte 230 Tage damit, und als er dann starb, hatte das nichts mit der Transplantation zu tun.

Nierenübertragungen beim Menschen erwiesen sich mit Hilfe von „Imuran" gleichermaßen als erfolgreich. Obwohl es inzwischen eine neuere und wirksamere Substanz zur Abwehr von Autoimmunreaktionen gibt, das „Cyclosporin", wird „Imuran" nach wie vor verwendet. Mittlerweile dient es auch dazu, eine Form rheumatischer Arthritis zu bekämpfen, die möglicherweise gleichfalls vom Immunsystem verursacht wird, wenn es – fehlgeleitet – Gewebe des eigenen Körpers angreift – eine sehr schwere, zum Glück aber seltene Erkrankung.

Pharmazeutische Verkaufsschlager allerdings wurden andere von Elion und Hitchings als Varianten des „Mercaptopurin" entwickelte Substanzen – so das „Allopurinol", in den sechziger Jahren entdeckt als Mittel gegen Harnsäureüberschuß und heute Standardmedikament gegen Gicht; zehn Jahre später und bis heute unübertroffen „Acyclovir", das überall in der Welt gegen Herpes eingesetzt wird; „Pyramethamin" gegen Malaria und „Trinethoprim" gegen Infektionen der Atemwege. Selbst das Aids-Medikament „Azidothymidin", das Elion und Hitchings nicht mehr selbst synthetisiert haben, funktioniert nach den Prinzipien, die sie seinerzeit formuliert haben.

Zweifellos sind Elion und Hitchings die beiden Pharmakologen, die in den letzten vier Jahrzehnten am erfolgreichsten dazu beigetragen haben, weit verbreitete Krankheiten zu bekämpfen. Ihre Erkenntnisse entstanden dabei „Schicht für Schicht", wie Elion und Hitchings es in einer Vorlesung einmal ausdrückten. Charakteristisch für beide war, daß ihnen nicht nur ein einzelner großer Wurf gelang. Sie blieben über Jahrzehnte kreativ. Ihre eigentliche Entdeckung, die später mit viel Einsatz und Sorgfalt variiert wurde, liegt dabei lange zurück. Nicht zu Unrecht sagte ein Nobel-Offizieller bei der Verleihung im Dezember 1988 von den beiden amerikanischen Forschern: „Wir ernten noch heute die Früchte dessen, was sie bereits vor vierzig Jahren herausgefunden haben."[9]

Trudy Belle Elion, 1988 immerhin bereits siebzig Jahre alt, war die optische Sensation des Nobel-Banketts in Stockholm. Zum festlichen Anlaß in königsblauen Chiffon gekleidet, zog sie das meiste Interesse von allen Preisträgern auf sich, aber sicher nicht nur, weil sie die einzige Frau unter den Laureaten war. Elf Mitglieder ihrer Familie nahm sie nach Schweden mit, darunter zahlreiche Neffen und Nichten, die Kinder ihres einzigen, sechs Jahre jüngeren Bruders. Eigene Kinder hat Frau Elion zu ihrem Bedauern nicht. Sie hat nie geheiratet, obwohl sie irgendwann einmal verlobt war. Ihr Bräutigam starb an bakterieller Herzmuskelentzündung, und ihre späteren Freunde konnten sie nicht mehr vom Sinn und Nutzen einer Ehe überzeugen.

Als Trudy Elion 1983 bei „Burroughs Wellcome" pensioniert wurde, hat sie sich keineswegs aufs Altenteil zurückgezogen. Die Energie der Nobelpreisträgerin, die ihr Leben lang alles andere als eine „Stubengelehrte" gewesen war und neben ihrer Arbeit immer die Zeit für Opernmusik und weite Reisen aufbrachte, schien ungebrochen. Sie lebte nach wie vor an der Stätte ihres einstigen Wirkens im Bereich des „Research Triangle Park" und teilte ihre Zeit als wissenschaftliche Beraterin zwischen ihrer alten Firma, dem amerikanischen „National Cancer Advisory Board" und der Weltgesundheitsbehörde. Zugleich hatte sie eine Forschungsprofessur für Pharmakologie an der Duke University in Chapel Hill, North Carolina. „Jeder lacht, wenn ich sage, daß ich pensioniert bin; denn ich tue heute genau so viel wie früher," erklärte sie, „und in gewisser Weise tue ich sogar, was ich niemals machen wollte – ich lehre..."[10]

Im Januar 1999 ist Gertrude Elion im Alter von einundachtzig Jahren in New York gestorben, ein Jahr nach George Hitchings.

Gemessen an ihrem dreizehn Jahre älteren einstigen Chef, Forschungskollegen und Nobel-Partner Hitchings schien Frau Elion im Alter die aktivere – sicher ein kleiner Triumph für die Forscherin, die ohne Zweifel zunächst eine Reihe von Jahren in Hitchings Schatten gestanden hat. Die Partnerschaft des Nobel-Paares hat viele Jahrzehnte gedauert und war zweifellos von gegenseitiger Achtung, Bewunderung und engen persönlichen Bindungen gekennzeichnet. Ein gewisses Konkurrenzgefühl dürfte dabei allerdings auch nicht gänzlich gefehlt haben.[11]

Dreiundzwanzig Jahre lang, bis 1967, als Hitchings Vizepräsident für Forschung bei „Burroughs Wellcome" wurde, arbeiteten Elion und Hitchings zusammen, verfaßten gemeinsam zahlreiche wissenschaftliche Aufsätze, mal ihr Name zuerst, mal der seine vorn, aber letztlich blieb Hitchings immer der Chef. Elion sah ihre damalige Rolle denn auch vor allem als sein Werkzeug: „Hitchings hatte zwei Eisen in der Forschung im Feuer, und eines davon war ich. Erst als er Forschungsdirektor wurde, bekam ich eigene Verantwortung."[12] Daß sie diese Verantwortung zu nutzen verstand, beweist ihr Medizin-Nobelpreis – gleichberechtigt neben Hitchings.

Christiane Nüsslein-Volhard
Medizin-Nobelpreis 1995

Ein einziges Mal hat bislang eine deutsche Wissenschaftlerin einen Nobelpreis errungen: die Tübinger Genforscherin Christiane Nüsslein-Volhard. Zusammen mit ihrem vormaligen amerikanischen Kollegen Eric F. Wieschaus, inzwischen Professor an der Princeton University, und dessen Landsmann Edward B. Lewis vom California Institute of Technology in Pasadena wurde ihr im Herbst 1995 der Nobel-Preis für Physiologie und Medizin „für ihre Entdeckungen betreffend die genetische Kontrolle früher Embryonalentwicklung" zuerkannt. Christiane Nüsslein-Volhard ist die zehnte und bislang letzte Frau, die seit dem Beginn der Nobelpreis-Vergabe im Jahre 1901 die begehrte Wissenschaftstrophäe bekommen hat. Ihre unmittelbare Vorgängerin war sieben Jahre zuvor die Amerikanerin Gertrude Elion, die ebenfalls einen Medizin-Preis bekam.

Der Ruf aus Stockholm kam für Christiane Nüsslein-Volhard am 12. Oktober 1995 – acht Tage vor ihrem 53. Geburtstag. Die Forscherin war damals längst eine namhafte Größe in ihrem Fach und seit 1985 als Professorin und Direktorin in der Max-Planck-Gesellschaft etabliert.[1] Ihr Durchbruch als Wissenschaftlerin lag rund ein Dutzend Jahre zurück: Mit dem Nobel-Preis wurde sie für ihre Arbeiten zu Beginn der achtziger Jahre am Ei der Tau- oder Fruchtfliege ausgezeichnet. Sie hat erforscht, wie aus einem einfachen Fliegenei eine Larve mit dem komplizierten Entwurfsplan zu einem fertigen Insekt wird. Dabei identifizierte sie im Laufe der Jahre rund 120 Steuergene und kam so dem Geheimnis einer frühen Weichenstellung bei der Entstehung eines Individuums auf die Spur. Ihre Erkenntnisse bereiteten die Grundlagen für die neuere Entwicklungsbiologie.

Die Tragweite ist noch immer nicht völlig absehbar, berechtigt aber zu großen Erwartungen in der diagnostischen Humanmedizin. Nüsslein-Volhard sah bereits 1991 den möglichen, generellen Nutzen: „Nicht nur die Mechanismen, sondern auch viele der in Fliegen identifizierten Moleküle haben große Ähnlichkeiten mit solchen, die bei zellulären Prozessen, auch bei der Krebsentwicklung, eine Rolle spielen."[2]

Das neue Wissen über die Entwicklung des Fruchtfliegeneis hat schon jetzt dazu beigetragen, die Entstehung von bestimmten Tumoren besser zu begreifen. Auch mit dem sogenannten Waardenburg-Syndrom, einer Erbkrankheit mit schwerwiegenden Fehlbildungen und Funktionsstörungen im Schädel- und Gesichtsbereich, lassen sich die Ergebnisse in Verbindung bringen und versprechen prognostischen Nutzen. Daneben hat die Charakterisierung der Embryonen der Fruchtfliege der ganzen Forschung eine neue Richtung gegeben. Die war bisher nur mit der ausgewachsenen Fliege befaßt gewesen. Das allerdings schon vom Beginn des vergangenen Jahrhunderts an, als die Genetiker die „Drosophila" wegen ihrer bescheidenen Chromosomen- und Genzahl als zweckmäßiges Arbeits- und Versuchstier entdeckten.

Edward B. Lewis, Jahrgang 1918 und Dritter im Bund beim Nobel-Preis 1995, untersuchte seit Anfang der vierziger Jahre an der ausgewachsenen Drosophila die genetischen Grundlagen für sogenannte homöotische Mutationen. Das sind Mißbildungen, die einen Körperabschnitt einem anderen ähneln lassen, z.B. doppelte Flügelpaare. 1978 faßte der Kalifornier die Ergebnisse seiner jahrzehntelangen Forschungen in einem Übersichtsartikel in der Zeitschrift „Nature" zusammen.

Genau in diesem Jahr begannen Christiane Nüsslein-Volhard und Eric Wieschaus damit, bereits im Embryonalstadium der Fruchtfliege systematisch Gene zu analysieren. Sie arbeiteten damals beide im Laboratorium der Europäischen Organisation für Molekularbiologie (EMBO) in Heidelberg. Was sie sich vornahmen, war Ende der siebziger Jahre, als Daten noch nicht mit dem Computer ausgewertet wurden, neu, extrem aufwendig und die reinste Sisyphusarbeit. Nur der rasche Generations-

Christiane Nüsslein-Volhard

wechsel der Drosophila, die sich in vierundzwanzig Stunden vom Ei zur Larve und in weiteren dreizehn Tagen von der Larve zur Fliege entwickelt, dazu der unersättliche Appetit der schwarzbäuchigen Fliege auf Maisbrei, der die Zucht erleichtert, machten die Experimente im Labor überhaupt möglich.

Im Verlauf von zwei Jahren untersuchten und verglichen Nüsslein-Volhard und Wieschaus zwanzigtausend Drosophila-Mutanten, bis sie schließlich die ersten 15 Steuerungsgene für den Körperbau der Fliege und die zeitliche Abfolge ihres Wachstums isoliert hatten. Diese Gene legen im Fliegenembryo zunächst die Körperachsen fest und teilen ihn anschließend entlang der Achsen-Linien in kleine Einheiten auf, aus denen sich in präziser chronologischer Sequenz Muskeln, Darm, Beine, Flügel oder Fühler der fertigen Fliege entwickeln. Läuft bei der natürlichen Musterbildung etwas schief oder wird sie im Reagenzglas künstlich verändert, so entstehen bizarre Wesen wie Kopffüßler, Doppeldecker oder Jumbo-Mutanten, also Fliegen, die zusätzliche Beine am Kopf, mehr Flügel oder einen zu langen Rumpf haben.

Am 30. Oktober 1980 veröffentlichten Nüsslein-Volhard und Wieschaus in „Nature" in einem vielbeachteten ersten Bericht, wie Mutationen die Musterbildung von Fliegenlarven verändern. Der Titel ihres Aufsatzes: „Mutations Affecting Segment, Number und Polarity in Drosophila".[3] Darin hieß es trocken: „In systematischen Untersuchungen von embryonalen letalen Mutanten der Drosophila melanogaster haben wir 15 Genorte identifiziert, deren Mutation das segmentierte Muster der Larve verändern. Diese Genorte umfassen wahrscheinlich die Mehrheit solcher Gene in der Drosophila. Die Phänotypen der mutanten Embryonen weisen darauf hin, daß der Prozeß der Segmentierung mindestens drei Ebenen der räumlichen Organisation betrifft."

Bis heute forscht Christiane Nüsslein-Volhard weiter am Ei der Drosophila. Doch seit 1992 hat sie ihr Forschungs-Bestiarium auch auf Fische ausgeweitet. Am Beispiel von Zebrabärblingen untersucht sie, ob die Embryo-Entwicklung bei Fischen und damit bei Wirbeltieren ähnlich verläuft wie bei der Fruchtfliege. Inzwischen stehen vielfältige Parallelen fest: Auch im Fischei reguliert ein Konzentrationsgefälle, also eine assymetrische Verteilung bestimmter Stoffe, den Ablauf der biochemischen Prozesse bei der Musterbildung in der Embryoentwicklung.

Ob im Umgang mit Fischen oder in der Behandlung von Fliegen – Christiane Nüsslein-Volhard ist eine behutsame Forscherin. Sie kommt bei ihren Versuchstieren ohne aggressive Methoden aus – ohne Injektionen und ohne Operationen. Im Falle der Drosophila hat sie den Maisbrei angereichert, damit die Fliegen mutieren. Bei den Zebrafischen setzt sie dem Wasser in den Spezialaquarien eine Chemikalie zu, um beim männlichen Erbgut Mutationen hervorzurufen. Die Eleganz ihrer Methoden erklärt die Biologin übrigens nicht mit ihrem Respekt vor der Kreatur und dem Bewußtsein der natürlichen Vollkommenheit von Tieren und Pflanzen, obwohl solche Überlegungen bei der Wahl ihrer Arbeitstechniken vielleicht auch eine Rolle gespielt haben. Für ihre sanften Methoden führt Nüsslein-Volhard rein pragmatische Gründe an: „Für Direktmanipulationen an einem so kleinen Tier wäre ich viel zu ungeduldig," sagt sie.

Ihr Erfolgsrezept scheint eine seltene Kombination von wissenschaftlicher Qualifikation, praktischer Intelligenz und handwerklichem Geschick, gepaart mit Durchsetzungsvermögen und Mut zur Sprunghaftigkeit. Die Leute, die mit der Frau mit dem grauen Wuschelkopf und der saloppen Sprache zu tun haben, charakterisieren sie als eine Mischung aus chaotisch und perfektionistisch, intuitiv und rational, lässig und arbeitswütig und im übrigen als durchaus ehrgeizig und schwierig. Sie selbst behauptet von sich: „Ich lungere gern herum und bin im Grunde ein fauler Mensch. Aber wenn mich eine Sache interessiert, dann kann ich Nächte durcharbeiten." Schon als Studentin war sie offenbar begeisterungsfähig, aber durchaus sprunghaft und ließ sich mehr von der Lust an der Sache als vom akademischen Leistungsprinzip treiben.

Christiane Nüsslein-Volhard wurde als Kriegskind am 20. Oktober 1942 in Magdeburg geboren und ist in Frankfurt am Main aufgewachsen. Die Architektentochter stammt aus einer künstlerisch veranlagten Familie, in der fast alle malten oder musizierten. Sie selbst interessierte sich bereits als Kind für die Naturwissenschaften und wollte schon als Zwölfjährige Biologin werden. Früh las sie Bücher über Flora und Fauna, an denen es die Eltern nicht fehlen ließen. Dann meinte sie, Medizin studieren zu müssen, um der leidenden Menschheit zu helfen. Nach einem Monat Krankenpflege in einem Hospital gab sie diesen Gedanken wieder auf. 1962 machte sie ein mediokres Abitur und schrieb sich an der Frankfurter Universität für das Studium der Biologie ein. Bald wechselte sie in die Physik und schließlich 1964 nach Tübingen in das neue Fach Biochemie. Das Curriculum dort gefiel ihr nicht sonderlich. „Zu viel Chemie und zu wenig Biologie," fand sie. Später war sie dankbar für das solide Training in physikalischer Chemie und in Stereochemie, das sie damals erhielt.

Ihre zeitweilige Lustlosigkeit schlug sich bei der Studentin in den Noten nieder: Das Biochemie-Diplom 1969 in Tübingen fiel nicht eben brillant aus. Vier Jahre später promovierte sie beim Tübinger Virusforscher Heinz Schaller, bei dem sie schon ihre Diplom-Arbeit geschrieben hatte. Der Weg zum Doktor war holprig: Ihr erstes Dissertationsthema über den Vergleich von DNA-Sequenzen kleiner Phagen mußte die Doktorandin aufstecken, weil geeignete molekularbiologische Untersuchungstechniken fehlten.

Nach dem Doktorat hatte Christiane Nüsslein-Volhard genug von der Biochemie. Bei der Suche nach einem neuen, erfolgversprechenden Projekt kehrte sie zur Biologie zurück. Zwei Jahre nach ihrer Promotion traf sie mit der Wahl ihres künftigen Arbeitsthemas die wichtigste Entscheidung ihrer wissenschaftlichen Karriere: Sie erkor die Fruchtfliege zum Leittier ihrer weiteren Forschung und suchte sich fürs erste einen begabten Mitstreiter. Gemeinsam mit dem fünf Jahre jüngeren Eric Wieschaus, den sie 1975 bei ihrer Tätigkeit am Biozentrum in Basel kennen- und schätzen gelernt hatte, begann sie 1978 ihre erfolgreiche Drosophila-Forschung im Laboratorium der Europäischen Organisation für Molekularbiologie (EMBO) in Heidelberg. Nach drei Jahren hatte das begabte Duo der staunenden Fachwelt gezeigt, wie sich aus der simplen Eizelle der Fruchtfliege die komplizierte Gestalt eines Insekts herausbildet.

Seit dieser Zeit hat Christiane Nüsslein-Volhard ihren wissenschaftlichen Einsatz keinen Augenblick mehr reduziert. Hartnäckig, fleißig und ausdauernd ist sie bei der Entwicklungsbiologie des Embryo geblieben, auch als Wieschaus 1981 nach Princeton ging und sie ohne den Kollegen nicht länger in Heidelberg bleiben wollte. Sie wechselte ans Friedrich-Miescher-Laboratorium der Max-Planck-Gesellschaft nach Tübingen und avancierte vier Jahre später zum wissenschaftlichen Mitglied dieser Gesellschaft und zum Direktor am Tübinger MPG-Institut für Entwicklungsbiologie. Als einer von fünf Direktoren arbeitet Christiane Nüsslein-Volhard dort an der Spitze einer selbständigen Abteilung seit 1985 unverändert bis heute.

Eine lange Latte von Anerkennungen hat ihre wissenschaftlichen Erfolge seitdem honoriert: Für ihre Forschungen heimste die „Herrin der Fliegen", wie Kollegen und Mitarbeiter sie mit liebevollem Respekt nennen, fast jeden Preis ein, der in ihrem Fach verliehen wird. Mehr als dreißig Ehrungen sind inzwischen zusammengekommen, darunter Ehrendoktorhüte der Universitäten Princeton, Harvard und Utrecht sowie der Leibniz-Preis der Deutschen Forschungsgemeinschaft, die Rosenstiel- und die Otto-Warburg-Medaille und der Albert-Lasker Medical Research Award, der unter Experten als „kleiner Nobel-Preis" gilt.

Der eigentliche Nobel-Preis vier Jahre nach dem „Lasker Award" kam denn auch nicht aus heiterem Himmel. Wie für die meisten ihrer Kollegen war auch für Christiane Nüsslein-Volhard der Stockholmer Preis, als er endlich eintraf, keine sonderliche Überraschung mehr: In Kollegenkreisen wurde sie längst als mutmaßliche, nächste Laureatin gehandelt. Natürlich hat sie das viele Geld aus Stockholm gefreut. Für ihr Drittel des Nobel-Preises erhielt sie 2.400.000 Schwedenkronen oder gut eine halbe Million DM. Wichtiger war ihr vielleicht, daß sie nun auch außerhalb der engeren Gemeinschaft der Wissenschaftler Anerkennung und Zuspruch fand.

Lästig war ihr jedoch, daß sie für die Nobel-Feiern in Stockholm gleich mehrere lange Abendkleider brauchte, obwohl sie doch sonst am liebsten in Jeans und Pullovern herumläuft. Auch wenn sie keine Royalistin ist und herzlich wenig für Pomp und Formelles übrig hat, konnte sie sich letztlich dem Zauber der Stockholmer Festivitäten nicht entziehen. Besonders an das märchenhafte Bankett und den Ball zusammen mit dem schwedischen Königspaar im Blauen Saal des „Stadshuset" denkt sie gern zurück. Noch immer schwärmt sie von dem pittoresken Spektakel des traditionellen Desserts am Ende des Festessens: Zweihundert brennende Eisbomben wurden den 1.300 Gästen von Lakaien mit Zopfperücken im Gänsemarsch zu den Klängen eines eigens dafür komponierten Hornduetts feierlich kredenzt. „Doch, es war schon etwas Besonderes," sagt sie noch heute.[5]

Die plötzliche Prominenz in ihrem Fach und in der Öffentlichkeit hat Christiane Nüsslein-Volhard allerdings nach der Rückkehr aus Stockholm zunehmend auch als Bürde empfunden. In der folgenden Zeit wurde sie mit Einladungen, Vortrags-Offerten und Interview-Wünschen überschwemmt, und sie hat erst lernen müssen, sich nicht allerorts als Tafelaufsatz mißbrauchen zu lassen. Heute, sechs Jahre nach dem Preis, ist die Ansicht der Nobelpreisträgerin noch immer selbst dort gefragt, wo sie überhaupt nichts mit ihrem Fach zu tun hat. Inzwischen macht sich die Tübinger Professorin äußerst rar, wann immer man ihre Meinung zu allgemeinen Problemen wissen will.

Für fachliche Fragen steht sie nach wie vor bereitwillig zur Verfügung. Diese Aufgeschlossenheit hat ihr im Jahre 1999 bei einer Umfrage unter Wissenschaftsjournalisten den publikumswirksamen Titel „Naturwissenschaftler des Jahrzehnts" beschert. Das war eine Reverenz an ihr Engagement und das Bemühen um Verständlichkeit, mit dem sie ihre Forschung in der Öffentlichkeit präsentiert.

Für wichtiger und lohnender hält es Christiane Nüsslein-Volhard aber nach wie vor, sich um die Entwicklungsbiologie und um ihre Fliegen und Fische zu kümmern. Auch nach dem Nobel-Preis vermittelt sie Mitarbeitern und Kollegen den Eindruck, daß man nicht ins Labor geht, sondern dort lebt, weil der Beruf schließlich alles gibt. Sie erwartet von ihrer Mannschaft, daß die genau so denkt, und wenn nötig, wie sie selbst abends oder auch am Wochenende bei Fliegen und Fischen bleibt. Um ihren Forschern Überstunden erträglich und das Institut zum Zuhause zu machen, bringt die Chefin samstags oder sonntags für die Kaffeepause schon mal einen selbstgebackenen Streuselkuchen mit. Sie backt und kocht in ihrer Freizeit leidenschaftlich gern, spielt Querflöte und gräbt im Garten.

Trotz aller demonstrativen Lässigkeit, die Christiane Nüsslein-Volhard zur Schau trägt, war ihr Weg an die Spitze der Forschung nicht einfach: Erst 1985 mit 42 Jahren bekam sie bei der Max-Planck-Gesellschaft eine feste Stelle, nachdem sie bis dahin von Stipendien und befristeten Stellen gelebt hatte. In der MPG ist sie heute eine von insgesamt fünf Frauen unter 235 Männern in leitender Position und dabei die einzige Naturwissenschaftlerin. Außer ihr gibt es als Direktor eine Wissenschaftshistorikerin in Berlin, eine Neuropsychologin in Leipzig, eine Organisationssoziologin in Köln und eine Psycholinguistin in Nimwegen.

Ihr eigener Werdegang und der Blick auf deutsche Forschungseinrichtungen veranlassen Christiane Nüsslein-Volhard zu der Meinung, daß es Frauen bei gleicher Eignung in den Naturwissenschaften deutlich schwerer als Männer haben. Allerdings denkt sie, daß das Verhalten von Vorgesetzten oft nur mittelbar etwas damit zu tun hat. Die meisten Karrierehindernisse hält sie für traditionsbedingt. Hier verspricht sie sich einiges von weiblichen Vorbildern, die ihrer Ansicht nach jungen Frauen das Ausüben einer leitenden wissenschaftlichen Position erleichtern würden.

Gut hundert Jahre, nachdem Frauen in Deutschland erstmals zum Hochschulstudium zugelassen wurden, stellen sie zwar mehr als die Hälfte aller Studienanfänger und wagen sich auch immer häufiger an Diplom und Promotion. Als Hochschulprofessoren aber sind sie immer noch Exoten, vor allem in der Medizin und in den Naturwissenschaften und erst recht in Fächern wie der Genetik. Warum Frauen auf dem wissenschaftlichen Karriereweg steckenbleiben, ist immer wieder analysiert worden. Die Barrieren, auf die Frauen in den Wissenschaften stoßen, sind offenbar system-immanent und nur schwer greifbar. Erst kürzlich hat die Darmstädter Soziologin Beate Krais in einem neuen Buch räsoniert: „In der akademischen Struktur steckt etwas drin, das Frauen rausschmeißt."[6]

Zweifellos haben es Frauen heutzutage nicht mehr mit der groben Form früher Benachteiligung im Wissenschaftsbetrieb zu tun. Aber selbst Star-Forscherinnen wie Christiane Nüsslein-Volhard kämpften mit Mißachtung. Die Tübinger Professorin erinnert sich, sie habe „häufig unter dem Gefühl gelitten, nicht ernst genommen zu werden."[7] Später kam sie zu dem Schluß: „Nichts ist so entscheidend für den Anstieg des Frauenanteils wie dieser selbst." Um so mehr enttäuscht es sie, daß sie bei den Frauen hierzulande in den letzten Jahren so etwas wie eine „neue Zimperlichkeit" ausgebrochen sieht. Sie beklagt, daß viele Frauen noch immer oder schon wieder ihre Arbeit aufgeben, wenn sie Kinder bekommen.

Christiane Nüsslein-Volhard ist geschieden und hat selbst keine Kinder. Über den vormaligen Ehemann wird nicht mehr gesprochen, aber bei ihrem Doppelnamen hat sie es belassen. Ohne Familie ist die Forscherin nicht. Sie selbst wurde als zweites von fünf Kindern geboren und hält mit ihren drei Schwestern und dem Bruder regen Kontakt. Ihr Vater war Sohn eines Frankfurter Medizin-Professors und hatte neun Geschwister. Auch ihre Mutter kam aus einer kinderreichen Familie. So gibt es noch 33 Vettern und Kusinen, und mit vielen davon hat Nüsslein-Volhard vertrauten Umgang.

Ihr Zeitbudget ist allerdings nicht üppig. Denn inzwischen hat Christiane Nüsslein-Volhard ein neues wissenschaftliches Baby, das ihre Aufmerksamkeit fordert. Viele Jahre schien es, als sei Grundlagenforschung für sie die einzige Form, Wissenschaft zu betreiben. Da sich ihre wissenschaftlichen Ergebnisse hervorragend im medizinisch-diagnostischen Bereich verwerten lassen, hat sie sich mittlerweile auch in der angewandten Forschung engagiert. Vor vier Jahren gründete sie zusammen mit zwei Partnern ein Biotech-Unternehmen: „Artemis Pharmaceuticals", benannt nach der griechischen Göttin der Jagd, konzentriert sich auf die Erforschung von Krankheitsmechanismen bei Krebs, Nierenleiden, Alzheimer, Diabetes und Arthritis. Auf der Grundlage der Modellorganismen von Fruchtfliegen, Zebrafischen und Mäusen sucht die Firma neue Konzepte für Arzneimittel zu entwickeln.[8]

Neben Christiane Nüsslein-Volhard sind der Kölner Universitätsprofessor und Mäuse-Genetiker Klaus Rajewsky sowie der Bayer-Manager und Biotechnologie-Experte Peter Stadler mit von der Partie. Als Spezialist für Modellsystemgenetik hat sich auch das amerikanische Biotech-Unternehmen „Exelis Pharmaceuticals" aus San Francisco finanziell beteiligt, mit dem „Artemis" in der Forschung und Geschäftsführung kooperiert. Die Kölner Firma mit Forschungsstätten in Köln und Tübingen dankt ihre Gründung der Aufbruchstimmung in der deutschen Biotechnologie und der verstärkten öffentlichen und privaten Förderung in diesem Bereich. Inzwischen hat das Unternehmen sein Kapital mit Hilfe privater Mittel beträchtlich aufgestockt und kämpft um eine führende Rolle in seiner Branche.

Haustier bei Artemis ist heute der Zebrafisch, für den Christiane Nüsslein-Volhard schon 1984 ihr Forscherherz entdeckt hat. Vor allem mit Hilfe des Bärblings sollen neue, therapeutisch wirksame Proteine und pharmazeutische Möglichkeiten ausfindig gemacht werden. Die Wissenschaftlerin ist sich selbst treu geblieben: Bei ihrer Abitur-Feier hielt Nüsslein-Volhard eine Rede über „Die Sprache bei Tieren". Nun untersucht sie seit vielen Jahren die Sprache der Gene.

Im Schatten von Nobelpreisträgern

„Die Linie zwischen Laureaten und anderen Spitzenwissenschaftlern, die den Nobelpreis nicht bekommen haben, ist dünn", schreibt die amerikanische Wissenschaftssoziologin Harriet Zuckerman.[1] Tatsächlich ist manch ein Forscher, der mit seiner wissenschaftlichen Arbeit entscheidend zu bestimmten, später mit dem Nobelpreis gekrönten Entdeckungen beigetragen hat, selbst ohne Würdigung geblieben. Der tatsächliche oder vermeintliche Anspruch auf Teilhabe an einem Nobelpreis, der unerfüllt blieb, ist dabei keineswegs ein spezifisch weibliches Problem.

So erhielten 1923 Professor John MacLeod und der junge Arzt Frederick Banting, beide aus Toronto, den Medizin-Preis für die Entdeckung des Insulins. Professor MacLeod war jedoch an der Arbeit überhaupt nicht beteiligt und hatte sich zur fraglichen Zeit im heimatlichen Schottland aufgehalten. Übersehen wurde dagegen Charles Best, gleichfalls ein junger Arzt, der gemeinsam und gleichberechtigt mit Banting gearbeitet und publiziert hatte. Im Gegensatz zu Professor MacLeod war Banting generös genug, aus eigener Initiative seinen Preis mit Best zu teilen und die Goldmedaille durchzusägen. Best durfte seither als inoffizieller Preisträger an zahlreichen Nobelfeiern teilnehmen.

Ein ähnlicher Fall endete mißlicher: 1989 entschied das Karolinska Institut in Stockholm, den Medizin-Nobelpreis zwischen den beiden amerikanischen Mikrobiologen Michael Bishop und Harold Varmus von der Universität von Kalifornien in San Francisco für ihren experimentellen Beweis der Krebsentstehung durch vitale Onkogene zu teilen. Der Preis basierte auf einer wissenschaftlichen Arbeit von drei Seiten, die 1976 in der britischen Fachzeitschrift „Nature" erschienen war. Der Aufsatz hatte allerdings noch zwei weitere Autoren.

Der eine davon, der Franzose Dominique Stehelin, mittlerweile Direktor des Institut Pasteur in Lille, meinte, er habe einen so wichtigen Anteil an den Experimenten gehabt, daß er ein Drittel des Preises verdient hätte. Die beiden Laureaten verwiesen den einstigen Kollegen in die Schranken: Sie erklärten, Stehelin habe damals zwar wichtige Arbeit geleistet, er sei jedoch zu diesem Zeitpunkt zu einem Weiterbildungsaufenthalt in San Francisco gewesen und habe lediglich die Ideen der beiden dortigen Laborchefs verwirklicht.[2]

Dominique Stehelin hat die Sache auf sich beruhen lassen. Anders der Physiker Oreste Piccioni, der gegen seine Kollegen Emilio Segrè und Owen Chamberlain, gemeinschaftliche Nobelpreisträger 1959, vor Gericht klagte. Er warf ihnen vor, ihm seinerzeit die Idee gestohlen zu haben, die wesentlich für das Experiment mit dem Bevatron in Berkeley zur Entdeckung des Anti-Protons gewesen sei. Piccioni beanspruchte 125.000 Dollar Kompensation plus Zinsen, also das Zehnfache des Preis-Drittels, dessen er sich beraubt glaubte. Sein siebzehn Jahre langes Schweigen erklärte Piccioni damit, daß er von seinen beiden Kollegen, die bis heute in der Gemeinschaft der Wissenschaftler einflußreicher seien als er selbst, mit Drohungen mundtot gemacht worden sei.[3] Piccioni hatte keinen Erfolg mit seiner Klage.

Andere Forscher waren da gelassener, so z. B. der amerikanische Neurobiologe Viktor Hamburger. Er hatte seinerzeit die beiden späteren Medizin-Nobelpreisträger Rita Levi-Montalcini und Stanley Cohen in sein Labor nach St. Louis geholt, die Nervenzell-Experimente angeregt, die die beiden Forscher die preiswürdigen Wachstumsfaktoren finden ließen, und die notwendigen Forschungsmittel dafür bei der Rockefeller Stiftung aufgetrieben. Viele Kollegen nahmen es dem Nobel-Komitee übel, daß Hamburger leer ausging, als Levi-Montalcini und Cohen 1986 mit dem Nobelpreis geehrt wurden, zumal sich der Preis nach den Statuten mühelos hätte dritteln lassen statt geteilt zu werden.[4]

Im Falle von Viktor Hamburger ging ein Mann leer aus, während eine Frau mit der Hälfte eines wissenschaftlichen Nobelpreises bedacht wurde. Häufiger scheint allerdings die Situation, daß Frauen im Schatten von männlichen Nobelpreisträgern bleiben. Die meisten Frauen, denen ein Anteil an einem Nobelpreis zugerechnet wird, ohne daß er ihnen wirklich zuteil geworden wäre, haben sich trotz enttäuschter Hoffnungen eher bescheiden im Hintergrund gehalten.

Mileva Marić
(Albert Einstein: Physik-Nobelpreis 1921)

Der historisch älteste, zugleich aber auch dubioseste Fall einer angeblich „nobelpreisverdächtigen", doch nicht ausgezeichneten Frau ist der von Mileva Marić, der ersten Frau des Physik-Nobelpreisträgers Albert Einstein. Seit einigen Jahren wird die Serbin Marić, mit der Einstein um die Jahrhundertwende in Zürich lebte und studierte, posthum als verhinderte Nobelpreisträgerin ins Gespräch gebracht. Vor allem ihre Landsmännin, die Jugoslawin Desanka Trbuhović-Gjurić,[1] schreibt der nicht einmal diplomierten Physik-Studentin maßgeblichen Einfluß auf Einsteins Schaffen, besonders auf seine frühen Arbeiten zur theoretischen Physik zu, denen er den Nobelpreis von 1921 verdankt. Diese These wurde insbesondere von Feministinnen begierig aufgegriffen und verbreitet – von der Zeitschrift „Emma" bis hin zu pseudowissenschaftlichen Beiträgen wie dem einer Agnes Hüfner. Im Frühjahr 1990 stritten sogar zwei Vortragsredner auf der Jahrestagung der „American Association for the Advancement of Science" für die posthume Anerkennung von Mileva Marić als Mitschöpferin der Relativitätstheorie – der amerikanische Physiker Evan Harris Walker und die deutsche Linguistin Senta Trömel-Plötz –, was von der internationalen Presse begierig aufgegriffen wurde.[2]

Eine derartige Behauptung scheint allerdings eher absurd und jedenfalls nicht durch nachprüfbare Fakten zu belegen: Es gibt nämlich keine einzige wissenschaftliche Publikation von Mileva Marić, und auch in nachgelassenen Briefen findet sich keinerlei Hinweis, daß sie sich nach dem Studium überhaupt noch mit der Physik beschäftigt hätte. Sie selbst hat niemals auch nur den geringsten Anspruch erhoben, einen Beitrag zur Forschung erbracht zu haben.

Dennoch verdient Mileva Marićs Biographie in anderer Weise durchaus Aufmerksamkeit: Es ist die ungewöhnliche Geschichte eines begabten jungen Mädchens aus einem Gebiet am Rande der österreichisch-ungarischen Donaumonarchie, das unter widrigen Umständen gegen die Vorurteile seiner Zeit und des kleinstädtischen Milieus noch vor der Jahrhundertwende zu einem naturwissenschaftlichen Studium in ein weit entferntes, fremdes Land aufbricht. Sie heiratet dort einen Kommilitonen, der in dem gemeinsamen Fach Weltruhm erlangt und mit dem sie zumindest während des Studiums intellektuelle Interessen verbinden.

Mileva Marić, am 19. Dezember 1875 mit einem verrenkten Hüftgelenk zur Welt gekommen und ihr Leben lang behindert, war das älteste von drei Kindern aus einer angesehenen Gutsbesitzerfamilie in Titel, einer kleinen Stadt im damaligen Ungarn und heutigen Jugoslawien. Bereits als kleines Mädchen zeichnete sie sich durch Phantasie, Wissensdurst und Beobachtungsgabe aus. Da in Österreich-Ungarn Mädchen damals noch kein Gymnasium besuchen durften, schickte der Vater Mileva nach Šabac in Serbien. Als ihre Familie nach Zagreb zog, setzte sie ihren Schulbesuch dort fort. 1894 ging sie aus Gesundheitsgründen zur weiteren Ausbildung allein in die Schweiz, wo sie 1896 in Bern Abitur machte.

An der Universität von Zürich, die als erste in Europa Frauen Zutritt zu den Prüfungen gewährte, begann Mileva Marić im Sommersemester 1896 Medizin zu studieren. Mitza, wie ihre Freundinnen sie nannten, wechselte bald darauf ans Eidgenössische Polytechnikum über, wo sie als fünfte Frau überhaupt und als einzige ihres Jahrgangs Mathematik und Physik zu studieren anfing. Mit ihr zusammen neu eingeschrieben wurde der gut drei Jahre jüngere Student Albert Einstein, mit dem sie sich bald anfreundete, lebte und arbeitete und den sie am 6. Januar 1903 heiratete. Das Paar lebte bis zum Jahre 1914 zusammen, danach getrennt und wurde 1919 geschieden. Mileva Marić starb 1948 in Zürich.

Zum Zeitpunkt der Eheschließung war Einstein seit drei Jahren diplomiert und seit einem halben Jahr als „technischer Ex-

Mileva Marić

perte III. Klasse" im Eidgenössischen Amt für geistiges Eigentum (Patentamt) in Bern tätig. Mileva Marić hatte nach zwei vergeblichen Anläufen zum Lehrer-Diplom in den Jahren 1900 und 1901, bei denen sie durchgefallen war, ihr Physik-Studium aufgesteckt und auch eine angefangene Doktor-Arbeit nicht beendet. Ihr Verzicht auf alle akademischen Bemühungen zu diesem Zeitpunkt hatte konkrete Gründe: Wie die neueste Einstein-Forschung herausgefunden hat, erwartete sie im Jahre 1901 ein Kind.[4] Ihre und Albert Einsteins uneheliche Tochter Lieserl wurde im Januar 1902 in Milevas serbokroatischer Heimat geboren und nach einigem Hin und Her vermutlich dort zur Adoption freigegeben. Die junge Mutter kehrte in die Schweiz zurück, wo sie im Januar 1903 Einstein heiratete.

Marićs Biographin Desanka Trbuhović-Gjurić schreibt Mileva ungeachtet ihres mangelnden Studienerfolges entscheidenden Einfluß auf Albert Einsteins akademischen Abschluß, auf seine Arbeitsmoral und auf seine späteren Forschungsarbeiten zu: „In Mileva hatte er einen ernsten, ebenbürtigen Kameraden gefunden, der ihm mitunter, auch in Mathematik, sogar über war. Ihm schien die Mathematik in viele Spezialgebiete gespalten, von denen jedes für sich eine Lebensarbeit forderte. Deshalb hatte er ihr Studium vernachlässigt ... Mileva hingegen ... studierte Mathematik solid und systematisch. Sie arbeitete viel und eindringend. Ihn zog ihre geistvolle Auffassung an, ihr Eindringen in den Grund des Problems, ihre Fähigkeit, es auf die einfachste, eleganteste Art zu lösen. Sie war ihm hierin eine Stütze, er hatte sie nötig, ohne sie wäre er nur langsam vorwärts gekommen."[5]

Wenn man Trbuhović-Gjurić glauben soll, dann war es letztlich Mileva, die Albert Einstein zum wissenschaftlichen Arbeiten brachte: „Mileva und Einstein arbeiteten sehr intensiv. Sie wirkte kräftig auf ihn ein, damit er sich ganz der Arbeit hingebe, denn nach seinem eigenen Geständnis hatte er von sich aus nie richtige Arbeitsgewohnheiten entwickelt. Diese wurden ihm von Mileva beigebracht, indem sie Tag und Nacht neben ihm saß und ihn durch ihre unermüdliche Energie anfeuerte ... Während einer ganzen Periode seines Lebens, vom Studienbeginn 1896 bis zum Jahr 1914, war sie ihm ständig nahe – in der Arbeit, in den gemeinsamen Interessen und im Ringen um Probleme."[6]

Mileva wird dabei quasi als Einsteins Obergutachter, wissenschaftlicher Ratgeber und mathematisches Sprachrohr ausgegeben: „In seiner Arbeit war sie nicht Mitschöpferin seiner Ideen, wie auch kein anderer es hätte sein können, doch prüfte sie alle seine Ideen nach, erörterte sie mit ihm und gab seinen Vorstellungen über die Erweiterung der Quantentheorie von Max Planck und über die spezielle Relativitätstheorie den mathematischen Ausdruck."[7]

„Die Frucht ihres Arbeitens" sei, so Trbuhović-Gjurić, „in den ersten Veröffentlichungen Albert Einsteins in den Leipziger ‚Annalen der Physik‘ geborgen, in denen schon vor 1905 eine Reihe kürzerer Abhandlungen erschien."[8] Auch die nächsten fünf Arbeiten, die 1905 in den „Annalen" abgedruckt wurden und Einstein Weltruhm einbrachten, seien Mileva zu danken gewesen.[9] Darunter war die Untersuchung „Einen die Erzeugung und Verwandlung des Lichtes betreffenden heuristischen Gesichtspunkt", wo die Entstehung des Lichtes durch Lichtquanten erklärt wird. Die darin aufgestellten Überlegungen trugen Einstein den Nobelpreis 1921 ein – „für Leistungen auf dem Gebiet der theoretischen Physik, besonders für die Entdeckung des Gesetzes des photoelektrischen Effekts".

Nirgendwo außer bei Trbuhović-Gjurić finden sich Hinweise auf eine derartige wissenschaftliche Zusammenarbeit zwischen Mileva Marić und Albert Einstein. Keiner der Freunde aus dieser Zeit hat darüber berichtet – weder Marcel Grossmann noch Maurice Solovine, Angelo Besso oder Friedrich Adler. Auch bei Einsteins Biographen – z.B. bei Abraham Pais, der sich nicht nur eingehend mit Einsteins Privatleben, sondern auch mit seiner wissenschaftlichen Arbeit beschäftigt hat – ist darüber nichts zu lesen. Selbst die zuverlässigste, neueste Quelle – die „Collected Papers of Albert Einstein", Band 1, mit rund vier Dutzend privaten Briefen – bietet keinerlei Evidenz dafür.

Erst kürzlich wies John Stachel, der Herausgeber des 1. Bandes der „Collected Papers", im englischen Wissenschaftsmagazin „New Scientist" energisch den Vorwurf zurück, daß Mileva Marićs Beitrag zu Albert Einsteins Wissenschaft übersehen worden sei. Stachel sagte, er halte an dem Urteil fest, das er im Vorwort zum 1. Band der „Collected Papers" getroffen habe: „Auch wenn die Möglichkeit nicht ausgeschlossen werden kann, daß Mileva eine bedeutendere Rolle spielte, deutet das verfügbare Material daraufhin, daß Marićs Rolle die einer Schallmuschel für Einsteins Ideen war." Stachel meinte zugleich, daß weder dem Andenken an Mileva Marić noch dem Verständnis für ihre schwierige Situation oder gar allgemeiner dem Verständnis für die realen Probleme von Frauen beim Versuch einer wissenschaftlichen Karriere um die Jahrhundertwende damit gedient sei, gegenstandslose Ansprüche im Hinblick auf Mileva Marićs geistige Leistungen geltend machen zu wollen.[10]

Lediglich für die Zeit des Studiums finden sich indirekt Hinweise darauf, daß Mileva und Einstein gelegentlich gemeinsam wissenschaftliche Bücher gelesen haben, so z.B. wenn Philipp Frank schreibt: „... sie fand sich mit Einstein in ihrer Leidenschaft für das Studium der großen Physiker, und die beiden waren häufig zusammen."[11] Oder: Einsteins zweite Frau Elsa konnte „nicht, wie es seinerzeit Mileva Marić in Zürich getan hatte, mit ihm die Werke der großen Physiker studieren."[12] Ansonsten sagt Frank aber eher kritische Worte über Milevas Interesse an Einsteins Arbeit: „Einstein hat es seit jeher geliebt, in Gesellschaft zu denken, oder richtiger, sich dadurch über seine Gedanken klar zu werden, daß er darüber sprach. Wenn auch Mileva Marić wortkarg war und wenig auf ihn einging, so merkte Einstein das in seinem Eifer kaum."[13]

Trbuhović-Gjurić allerdings versteigt sich sogar zu der Meinung, die drei epochemachenden Artikel Einsteins im Band XVII der „Annalen der Physik" seien im Original mit „Einstein-Marić" gezeichnet gewesen. Zum Beleg dafür verweist sie – hier wie auch sonst ohne nähere Quellenangabe – auf die „Erinnerungen an Albert Einstein" des russischen Physikers Abraham Joffe, der angeblich die Original-Manuskripte als Assistent von Wilhelm Conrad Röntgen gelesen habe.[14] Dieser wiederum habe dem Kuratorium der „Annalen" angehört, das die bei der Redaktion eingereichten Beiträge zu begutachten gehabt habe.

In Joffes Artikel fehlt jeder Hinweis auf Trbuhović-Gjurićs Behauptung.[15] Das nimmt nicht wunder, denn theoretische Arbeiten wie die Einsteins wurden vor dem Abdruck in den „Annalen" in der Zeit um 1905 von dem Theoretiker Max Planck in Berlin in Augenschein genommen.[16] Der Münchner Experimental-Physiker Röntgen hatte damit nichts zu tun, nicht zuletzt auch deshalb, weil das Kuratorium der „Annalen" keinerlei redaktionelle Aufgaben und Verpflichtungen hatte. Daß Röntgen die betreffenden Arbeiten Einsteins nicht kannte, beweist im übrigen der Umstand, daß er sich am 18. September 1906 bei dem Verfasser davon Sonderdrucke bestellte.[17]

Auch die Sache mit dem Nobelpreis ist in Trbuhović-Gjurićs Darstellung schief. Sie folgert aus dem Umstand, daß Einstein Mileva Marić die volle, mit seinem Nobelpreis von 1921 verbundene Geldsumme überließ, daß Mileva Marić auch inhaltlich ein Teil dieses Preises zustand: „Nach dem Empfang des Nobelpreises reiste Einstein nach Zürich und gab den ganzen Betrag dieser höchsten Ehrung für Arbeiten aus den gemeinsamen, glücklichen Berner Tagen Mileva, nicht etwa den Kindern. Man könnte sich vorstellen, daß diese Zuwendung, ganz unabhängig von seinen Unterhaltspflichten, auch ein Zeichen der Anerkennung für ihre Mitarbeit war."[18]

Die jugoslawische Biographin verkennt dabei völlig, warum Einstein seiner geschiedenen Frau speziell dieses Geld gab – weil es ihm angesichts der verzwickten politischen Lage in Europa immer größere Schwierigkeiten bereitete, die Beträge für ihren Unterhalt und den der beiden gemeinsamen Söhne aus Deutschland in die Schweiz zu transferieren, zumal die Schweizer Währung gegenüber Deutschland immer mehr in die Höhe ging.[19] Bereits bei der Scheidung im Jahre 1919 hatte Albert Einstein Mileva den Ertrag aus der Summe versprochen, die er erhalten sollte, wenn sein Nobelpreis fällig wäre.[20] 1923 wurden die ganzen 121.572,54 Kronen – damals umgerechnet etwa 180.000 Schweizer Franken – in die Schweiz überwiesen. Es wurden davon in Zürich drei Häuser gekauft, die ein regelmäßiges sicheres Einkommen für Mileva und die Söhne ermöglichen und weitere Zahlungen überflüssig machen sollten.

Lise Meitner
(Otto Hahn: Chemie-Nobelpreis 1944)

„Ihre Arbeit ist gekrönt worden mit dem Chemie-Nobelpreis für Otto Hahn",[1] heißt es in einer Biographie über Lise Meitner, die wohl die bekannteste Naturwissenschaftlerin ist, die bei einer Nobelpreisverleihung leer ausging: Der Nobelpreis für Chemie, der 1945 dem deutschen Chemiker Otto Hahn für das Jahr 1944 nachträglich „für die Entdeckung der Kernspaltung" verliehen wurde, blieb der österreichisch-deutschen Atomphysikerin trotz langjähriger Mitarbeit versagt.

Die Wissenschaftshistoriker sind sich heute einig, daß Lise Meitner durchaus zu Unrecht im Schatten ihres Kollegen Otto Hahn steht.[2] „Unsere Madame Curie" – wie Albert Einstein die aus Wien stammende Physikerin taufte, die er im privaten Gespräch „begabter als Frau Curie selbst" nannte[3] – ist sicher eine der bedeutenderen Frauengestalten der modernen Physik, ähnlich wie Marie Curie und deren Tochter Irène Joliot-Curie.

Lise Meitner, nur wenige Monate älter als Albert Einstein, Max von Laue und Otto Hahn, hat ein bitteres persönliches Schicksal getragen – einerseits als Frau, die als eine der ersten im akademischen Bereich lange Zeit Vorurteilen und Diskriminierungen ausgesetzt war,[4] andererseits wegen ihrer jüdischen Herkunft, die sie nach 1933 in eine zunehmende persönliche und wissenschaftliche Isolation trieb und schließlich zur Emigration zwang.

Lise, eigentlich „Elise" Meitner wurde als drittes Kind von insgesamt acht Geschwistern am 17. November 1878 in Wien geboren.[5] Ihre Eltern, der Rechtsanwalt Dr. Philipp Meitner und seine Frau Hedwig, stammten aus jüdischen Familien, erzogen aber ihre Kinder protestantisch. Lise Meitner kam aus einem kultivierten, liberalen Elternhaus. Besonders ihr fortschrittlich denkender Vater unterstützte ohne Einschränkung ihre beruflichen Wünsche und glaubte an ihre Begabung und Intelligenz.

Die Naturwissenschaften entdeckte Lise Meitner angeblich schon als Kind, als sie die Regenbogenfarben beobachtete, die ein Ölfleck auf einer Wasserpfütze hervorgerufen hatte. Die Erklärung dieser Erscheinung soll ihre lebenslange Faszination für die Physik ausgemacht haben. Tatsächlich Naturwissenschaftlerin zu werden, war allerdings auch für Lise Meitner nicht leicht. Nach fünf Jahren Volksschule und drei Jahren Bürgerschule schienen nämlich im Jahre 1892 die offiziellen Bildungsmöglichkeiten erschöpft. Denn als Mädchen war ihr zu jener Zeit in Wien der Besuch des Gymnasiums verwehrt.

So bereitete sich Lise Meitner auf das Examen als Französischlehrerin vor, um ihren Lebensunterhalt notfalls selbst verdienen zu können. Das reichte ihr aber als Beruf nicht. Damit sie Zugang zur Universität erhielt, mußte sie sich privat auf das Abitur vorbereiten und die Reifeprüfung als Externe an einem Jungen-Gymnasium ablegen. Sie schaffte diese Hürde 1901 mit 23 Jahren. Im Oktober des gleichen Jahres begann sie an der Universität Wien Physik und Mathematik zu studieren.

Die Möglichkeit dazu gab es in Österreich damals gerade erst seit zwei Jahren: Ab 1899 war es Frauen dort erlaubt, eine Universität zu besuchen – rund dreißig Jahre später als in Rußland und den Vereinigten Staaten, fünfundzwanzig Jahre später als in Frankreich und der Schweiz, zehn Jahre, bevor Preußen Frauen zuließ.

Lise Meitner studierte acht Semester lang. Vom Jahre 1902 an hörte sie begeistert Vorlesungen bei dem Physiker Ludwig Boltzmann, der ihre Liebe zur theoretischen Physik weckte. Zur Jahreswende 1905/1906 bestand Lise Meitner ihr Doktorexamen mit einer Arbeit über „Wärmeleitung in inhomogenen Körpern". Ihre Note: „einstimmig mit Auszeichnung". Sie war die zweite Frau, die in Wien im Hauptfach Physik promovierte, und der vierte weibliche Doktor an dieser Universität.

In den nächsten beiden Jahren arbeitete Dr. phil. Lise Meitner weiter am Institut für theoretische Physik. Ob sie für ihre Arbeit dort bezahlt wurde, ist nicht bekannt. Stefan Meyer,

Lise Meitner

ein ehemaliger Assistent von Boltzmann, weihte sie in das damals noch junge Gebiet der Radioaktivität ein. Ihre beiden ersten Arbeiten schrieb sie über Alpha- und Beta-Strahlen. Aus der sich daran anschließenden Idee, zu Marie Curie an die Sorbonne zu gehen, wurde nichts – sie bekam aus Paris eine Absage.[6] Deshalb machte sie sich im Herbst 1907 – mittlerweile fast 29 Jahre alt – nach Berlin auf, um sich bei Max Planck weiterzubilden; denn ihre eigentliche Neigung gehörte noch immer der theoretischen Physik. Sie wollte zwei Jahre bleiben. Es wurden 31 daraus.

Lise Meitners Entschluß, nach Berlin zu übersiedeln, war zu diesem Zeitpunkt kühn. Denn noch waren Frauen in Berlin zum Studium nicht zugelassen. Erst ab 1909, also zwei Jahre später, durften sie sich endlich auch in Preußen immatrikulieren. Akademische Berufe an der Universität gab es für Frauen auch dann noch nicht, vor allem nicht im Fach Physik.

Die ungewöhnlich kleine, zierliche und schüchterne, ganz wie die geborene „höhere Tochter" wirkende Lise Meitner schaffte es trotzdem, bei Max Planck zu seinen Vorlesungen zugelassen zu werden. Wie damals üblich, entschied der Dozent allein darüber, ob er Frauen als Gasthörer duldete oder nicht. Planck akzeptierte Lise Meitner trotz seiner inzwischen sattsam bekannten Reserven gegenüber dem Frauenstudium.[7]

Um auch praktisch arbeiten und experimentieren zu können, bat Lise Meitner um einen Laborplatz. Sie wandte sich an den Chemiker Otto Hahn mit der Bitte, bei ihm forschen zu dürfen. Hahn, frisch habilitiert und gerade aus Kanada zurückgekommen, wo er bei Ernest Rutherford die vorderste Forschungsfront der Radioaktivität kennengelernt hatte, war nur zu gern bereit, die gleichaltrige junge Frau mitarbeiten zu lassen, denn er suchte gerade einen Physiker.

Trotz Hahns Einwilligung zur Zusammenarbeit gab es zunächst Probleme: Professor Emil Fischer, der Leiter des chemischen Institutes, war strikt gegen Studentinnen und weibliche Wissenschaftler eingestellt und machte zur Bedingung für die Genehmigung des Laborplatzes, daß Lise Meitner im Keller des chemischen Institutes, einer ehemaligen Holzwerkstatt, bleiben und niemals die übrigen Räume des Institutes betreten sollte. So ging die neue Mitarbeiterin, wenn nötig, in eine nahegelegene Gaststätte zur Toilette.

Vier Jahre lang arbeitete die Physikerin Lise Meitner als „unbezahlter Gast", zunächst im Keller des chemischen Institutes, später im neu gegründeten Kaiser-Wilhelm-Institut für Chemie in Berlin-Dahlem. Sie lebte äußerst bescheiden, da ihre finanziellen Mittel beschränkt und die Zuwendungen von zu Hause nur spärlich waren. 1912 schließlich bekam sie bei Max Planck, dessen Vorlesungen sie ursprünglich nach Berlin geführt hatten, eine Assistentenstelle und wurde damit Preußens erste Universitätsassistentin. Endlich zeichnete sich für die inzwischen dreiunddreißigjährige Wissenschaftlerin die Physik auch als Brotberuf ab. 1913 erhielt Lise Meitner eine bezahlte Stelle am Kaiser-Wilhelm-Institut für Chemie. Das geschah freilich erst, als sie über ein Angebot aus Prag für eine Dozentenstelle mit der Aussicht auf eine spätere Professur nachdachte.

1918 wurde für Lise Meitner neben Otto Hahns chemisch-radioaktiver Abteilung eine eigene physikalisch-radioaktive Abteilung am Kaiser-Wilhelm-Institut eingerichtet, die als Abteilung Hahn-Meitner geführt wurde. 1922 konnte sich Frau Meitner habilitieren, 1926 wurde sie – mittlerweile 48 Jahre alt – außerordentliche, nichtbeamtete Professorin für experimentelle Kernphysik. Das war die höchste Sprosse der Karriereleiter, die damals von Frauen erreicht werden konnte und die wenige Jahre später wieder empfindlich eingeschränkt wurde. Als die Nationalsozialisten 1933 an die Macht kamen, wurden der Jüdin Lise Meitner Titel und Lehrbefugnis entzogen. Doch durfte sie als Österreicherin und damit Ausländerin zunächst noch weiter am Kaiser-Wilhelm-Institut arbeiten. Diesen Sonderstatus verlor sie 1938 nach dem sogenannten Anschluß Österreichs. Sie floh bei Nacht und Nebel über die Grenze nach Holland und von dort über Kopenhagen nach Schweden.

Mit ihrer Emigration fand Lise Meitners dreißigjährige, sehr fruchtbare wissenschaftliche Zusammenarbeit mit Otto Hahn ein abruptes Ende. Seit 1908 waren die beiden Forscher für die Fachwelt ein Begriff geworden, denn schon bald nach dem Beginn ihrer Zusammenarbeit hatten sie eine Reihe von wissenschaftlichen Beiträgen über die Natur der radioaktiven Strahlen und die Eigenschaften der radioaktiven Elemente veröffentlicht. Die wichtigste Arbeit wurde im Jahre 1918 die Entdeckung des Elementes 91, des bis dahin unbekannten, zweitschwersten natürlichen Elementes, der Muttersubstanz des Aktiniums, der sie den Namen „Protaktinium" gaben.

Die gemeinsame Forschung von Lise Meitner und Otto Hahn endete zunächst, als Lise Meitners Abteilung für strahlenphysikalische Arbeiten eingerichtet und mit eigenen Mitarbeitern ausgestattet worden war. In den folgenden Jahren widmete sich die Physikerin vor allem Untersuchungen der Alpha-, Beta- und Gammastrahlen und den ihnen zugrundeliegenden Kernprozessen. Diese Arbeiten trugen ihr breite Anerkennung ein. Erst im Herbst 1934 begannen Lise Meitner und Otto Hahn nach langen Jahren getrennter Forschung wieder eine gemeinsame Arbeit.

Anlaß war der Fortschritt in der Kernphysik im Ausland: Nach der Entdeckung des Neutrons durch James Chadwick im Jahre 1932 und der künstlichen Radioaktivität durch Irène Joliot-Curie und Frédéric Joliot im Jahre 1934 erkannte Enrico Fermi, daß die Neutronen wegen des Fehlens elektrischer Ladung besonders geeignet sein müßten, auch in schwere Atomkerne einzudringen und in ihnen Reaktionen auszulösen. Lise Meitner war fasziniert von dieser neuen Möglichkeit und überredete Otto Hahn dazu, mit ihr gemeinsam die von Fermi beim Beschuß von Uran und Thorium mit Neutronen aufgefundenen sogenannten „Transurane" zu untersuchen. 1935 nahmen Meitner und Hahn zur Verstärkung den jungen analytischen Chemiker Fritz Straßmann in ihr Team auf.

Die Experimente fanden in drei zeitlich und räumlich getrennten Arbeitsgängen statt: Die Präparate wurden bestrahlt, dann chemisch getrennt, und schließlich wurde die Strahlung der Produkte gemessen. Lise Meitner war vor allem für die Zielsetzung der Experimente und für ihre physikalische Deutung zuständig. Auch Hahn und Meitner suchten nach Transuranen und dachten wie alle anderen überhaupt nicht an die Möglichkeit von Kernspaltung.

Ende 1938, als Lise Meitner schon ein halbes Jahr aus Berlin fort war, konnte sich Hahn der Schlußfolgerung nicht entziehen, daß in seinen Reaktionsprodukten Barium zu finden war, ein mittelschweres Element, das nur durch Zerplatzen eines Urankerns entstanden sein konnte. Hahn hatte den Mut, im Vertrauen auf seine radiochemischen Kenntnisse seine Versuchsergebnisse über das Barium zu publizieren, obwohl sie den physikalischen Vorstellungen der Zeit widersprachen. Insofern gehörte die Priorität der Entdeckung der Kernspaltung ohne Zweifel ihm, auch wenn der Terminus selbst in seiner Publikation nicht verwendet wurde.

Lise Meitner – wäre sie noch in Berlin gewesen – hätte bestimmt von einer Veröffentlichung der Versuchsergebnisse abgesehen, bevor nicht eine theoretische Deutung vorgelegen hätte. Diese gelang ihr dann im Nachhinein: In Fortsetzung der guten Zusammenarbeit erhielt Lise Meitner von Otto Hahn eine Kopie des Manuskripts, das am 22. Dezember 1938 an die Zeitschrift „Die Naturwissenschaften" zur Veröffentlichung ging. Auf der Grundlage dieses Papiers gelang es Frau Meitner und ihrem Neffen, dem Physiker Otto Robert Frisch, innerhalb weniger Stunden die Versuchsresultate als „Spaltung des Urankerns" zu deuten. Lise Meitner war dabei die erste, die den bei der Kernspaltung frei werdenden, gewaltigen Energiebetrag schätzte. Meitner und Frisch veröffentlichten ihre Überlegungen sofort in „Nature"[8] – sehr zum Unwillen von Otto Hahn.

Da Lise Meitner in der entscheidenden Phase nicht mehr in Berlin war, als Hahn das Barium als Folgeprodukt der Urankernumwandlung fand, konnte sie eigentlich keinen Anspruch mehr geltend machen, neben Hahn und Straßmann zu den Entdeckern gezählt zu werden. Otto Hahn sträubte sich denn auch angeblich zeit seines Lebens dagegen, Lise Meitners Namen im Zusammenhang mit der Entdeckung der Uranspaltung, die ihm den Chemie-Nobelpreis 1944 einbrachte, mit zu erwähnen. Fritz Straßmann dagegen, der Dritte im Bunde, sah das ganz anders. Er war überzeugt, „daß Lise Meitners Anteil sogar bis zur Auffindung des Bariums schon so groß gewesen sei, daß sie nicht nur wegen der ersten korrekten theoretischen Deutung, die wohl auch anderen Physikern nach der Veröffentlichung der Arbeit am 6. Januar 1939 bald gelungen wäre, mit zu den Entdeckern zu zählen ist."[9] In den Augen des jüngeren Teamgefährten war Lise Meitner sowieso die geistig Führende.

In dieses Bild paßt die Anekdote, daß die Mitarbeiter des Instituts regelmäßig die Unterschriften „Otto Hahn, Lise Meitner" unter Bekanntmachungen am Schwarzen Brett durch eine Schlangenlinie um „s" und „e" in „Otto Hahn, lies Meitner" zu ändern pflegten. Auch der angeblich gängige Spruch von Lise Meitner: „Hähnchen, laß mich das machen, von Physik verstehst Du nichts!" scheint hier eine treffende Marginalie, um so mehr als von Hahn berichtet wird, daß er sich lange Zeit auch privat um die hübsche Kollegin bemüht habe.

Schwerer wiegt allerdings das Urteil etwa von Werner Heisenberg, der die Anteile von Lise Meitner und Otto Hahn an den frühen gemeinsamen Arbeiten folgendermaßen zu gewichten suchte: „Hahn hatte seine Erfolge vor allem, so scheint es mir, seinen charakterlichen Qualitäten zu danken. Seine unermüdliche Arbeitskraft, sein eiserner Fleiß im Erwerben neuer Erkenntnisse, seine unbestechliche Ehrlichkeit erlaubten ihm, noch genauer und gewissenhafter zu arbeiten, noch selbstkritischer über die meisten Versuche zu denken, noch mehr Kontrollen durchzuführen als die meisten anderen, die in das Neuland der Radioaktivität eindrangen."[10]

Lise Meitners Beziehung zur Wissenschaft sah Heisenberg anders: „Sie fragte nicht nur nach dem ‚Was‘, sondern auch nach dem ‚Warum‘. Sie wollte verstehen, was bei der radioaktiven Strahlung geschah ... wollte den Naturgesetzen nachspüren, die in diesem neuen Gebiet am Werk waren. Ihre Stärke war also die Fragestellung und dann die Deutung des angestellten Versuchs. Man wird annehmen dürfen, daß auch in den späteren gemeinsamen Arbeiten Lise Meitner einen starken Einfluß auf die Fragestellung und die Deutung der Experimente ausgeübt hat und daß Hahn sich vor allem für die Gründlichkeit und Sorgfalt beim Experimentieren verantwortlich fühlte."[11]

Trotz ihrer Mitarbeit an der Seite Otto Hahns in den Jahren 1934 bis 1938 blieb Lise Meitner ein Anteil an dem Chemie-Nobelpreis 1944 versagt, der Hahn 1945 nachträglich „für die Entdeckung der Kernspaltung" verliehen wurde. „Nobelpreisverdächtig" war Frau Meitner dabei schon früher gewesen: Bereits 1924 und 1925, ja sogar noch während der Zeit des Nationalsozialismus – 1936 – war sie im Zusammenhang mit der Arbeit über das Protaktinium für den Chemie-Nobelpreis vorgeschlagen worden.[11]

Wenn Lise Meitner enttäuscht darüber war, nicht neben Hahn stehen zu dürfen, als der schwedische König am 10. Dezember 1946 den Nobelpreis für die Entdeckung der Kernspaltung überreichte, dann hat sie das damals nicht gezeigt. Hahns Besuch in Schweden anläßlich der Nobelpreis-Verleihung überschatteten dennoch Auseinandersetzungen mit Lise Meitner. Thema war nicht der Nobelpreis, sondern die jüngste deutsche Vergangenheit, die Otto Hahn nach Meitners Auffassung verdrängte, als er Deutschland dafür pries, sich nicht mit der Schuld der Konstruktion einer Atombombe und dem sinnlosen Töten von so vielen tausend Menschen belastet zu haben. Lise Meitner schrieb dazu an James Franck: „Ich versuchte ihm klarzumachen, daß er das wohl hätte sagen dürfen, wenn er dazu gefügt hätte, er sei darüber froh, weil die Deutschen ja so viel Schreckliches getan hätten."[12]

Daß Lise Meitner den Nobelpreis nicht erhielt, lag wohl nicht an ihrer mangelnden Integration in die Gemeinschaft der Wissenschaftler, die das verhindert hätte: Lise Meitner galt allgemein als geachtetes Mitglied der Gilde der Atomforscher. Die Physikerin selbst hatte den Verdacht, daß ein einflußreicher Gegner im Nobelkomitee selbst gegen sie votiert hatte. Sie vermutete, daß es Manne Siegbahn war, der schwedische Physik-Nobelpreisträger von 1924 und Leiter des Nobelinstituts, an dem sie nach ihrer Flucht aus Deutschland unterkam. Bereits 1939 beklagte sie, daß

Siegbahn nach der erfolgreichen Kernspaltung in Dahlem glaubte, daß sie überhaupt nichts in Berlin geleistet habe. Ihr Verdacht festigte sich, als ihr Einzelheiten aus der entscheidenden Nobelsitzung zugetragen wurden.[13]

Zwar erhielt Lise Meitner in den folgenden Jahren zahlreiche andere Ehrungen. So neben mehreren Ehrendoktorhüten 1949 zusammen mit Otto Hahn die Goldene Max-Planck-Medaille, 1955 den Otto-Hahn-Preis für Physik und Chemie und 1966 gemeinsam mit Hahn und Straßmann den hochdotierten amerikanischen Enrico-Fermi-Preis. Aber ihre Niederlage beim Nobelkomitee konnte sie nie verwinden, zumal sie im Laufe der Jahre in der breiten Öffentlichkeit mehr und mehr in den Schatten Otto Hahns geriet. Voller Trauer und Resignation beklagte Lise Meitner 1953 bei ihm, daß sie immer weniger als eigenständige Wissenschaftlerin anerkannt würde: „Versuche Dich in meine Lage hineinzudenken! ... Was würdest Du sagen, wenn Du auch charakterisiert würdest als der langjährige Mitarbeiter von mir?"[14]

Die beiden letzten Jahrzehnte waren beruflich für Lise Meitner schwierig. Sie, die immerhin schon sechzig Jahre alt war, als sie nach Stockholm kam, wurde in Schweden nie recht heimisch. Trotzdem lehnte sie alle Angebote ab, in den USA an der Entwicklung der Atombombe mitzuarbeiten. Bis ins hohe Alter trat sie für die friedliche Nutzung der Kernenergie ein. Nach harten Anfangszeiten in Schweden ohne Geldmittel, Unterstützung, Geräte und Mitarbeiter, in denen sie „wie Robinson auf einer Insel" lebte und „wie ein Anfänger"[15] arbeitete, wurde sie 1946 schwedische Staatsbürgerin. Nachdem sie zunächst am Nobel-Institut für Physik in Stockholm tätig gewesen war, erhielt sie 1947 eine Forschungsprofessur in Stockholm, die die Schwedische Atomenergiekomission am Königlichen Institut für Technologie für sie eingerichtet hatte. Dort konnte sie noch einige Arbeiten über Neutronenstrahlung und Kernprozesse durchführen. Ihre letzte bedeutende wissenschaftliche Arbeit schrieb sie 1950 über die Spaltung und das Schalenmodell der Atomkerne. Sie war damals 72 Jahre alt.

An einen Nobelpreis für Lise Meitner dachte zu diesem Zeitpunkt niemand mehr. Das wird deutlich aus einem Brief, den Albert Einstein am 16. 7. 1952 an den Schweizer Schriftsteller Carl Seelig schrieb und in dem es hieß: „Was nun die Meitner betrifft, so ist sie eine sehr fähige Spezialistin (auf experimentiellem Gebiet). – Dies hatte ich im Auge bei dem Vergleich mit Frau Curie. Aber als geistige und charakterliche Persönlichkeit ist sie nach meiner Ansicht nicht erheblich genug, um eine Reise nach Stockholm zu rechtfertigen. (Sie hat z.B. in Berlin ihre jüdische Herkunft verleugnet)".[16]

1960 verließ Frau Meitner, die ihr Leben lang unverheiratet blieb, nach 22 Jahren ihre Wahlheimat Schweden und zog nach Cambridge, wo sie in der Nähe ihres Neffen Otto Robert Frisch ihren Lebensabend verbrachte. Sie starb – fast neunzig Jahre alt – am 27. Oktober 1968, drei Monate nach Otto Hahn.

Chien-Shiung Wu
(Tsung Dao Lee und Chen Ning Yang: Physik-Nobelpreis 1957)

Wer Professor Wu aus dem Physik-Department der berühmten Columbia University in ihren letzten Lebensjahren ausfindig machen wollte, mußte fast kriminalistisches Gespür aufwenden. Die bekannte chinesische Physikerin, die vor gut vierzig Jahren in ihrem Fach weltweit Aufsehen erregte, als sie mit einem raffinierten Experiment die kühnen physikalischen Spekulationen ihrer beiden Landsleute und späteren Physik-Nobelpreisträger Tsung Dao Lee und Chen Ning Yang über das Verhalten subatomarer Prozesse bei räumlicher Spiegelung bewies, war längst emeritiert. Sie lebte zurückgezogen als schlichte Mrs. Yuan unter dem Namen ihres Mannes in der New Yorker Claremont Avenue, wo kaum einer ihrer Nachbarn etwas von der einstigen Prominenz der zierlichen alten Dame als Forscherin wußte oder ahnte, daß sie zahlreiche Wissenschaftspreise und ein rundes Dutzend Ehrendoktorhüte, unter anderem von Harvard, Princeton und Yale, verliehen bekam.

Die Experimentalphysikerin, die am 31. Mai 1913 als Tochter eines Schulrektors in der Nähe von Shanghai geboren und in fortschrittlichster Weise erzogen wurde, hatte nach ihrem Physik-Studium bereits im Alter von dreiundzwanzig Jahren ihre Heimat verlassen, um an der Universität von Kalifornien in Berkeley ihren Doktor zu machen. Dort lernte sie auch ihren chinesischen Kollegen Dr. Luke Chia-Liu Yuan kennen, den sie 1942 heiratete. Das Paar bekam einen Sohn, Vincent, der ebenfalls Physiker wurde.

Das Wichtigste im Leben von Frau Wu scheint die Physik gewesen zu sein. Die Wissenschaftlerin bekannte sich zeitlebens offen dazu: „Ich habe immer gespürt, daß man sich der Physik total und ohne Einschränkung widmen muß. Sie ist

Chien-Shiung Wu

nicht irgendein Job. Sie ist eine Lebensweise."¹ Schon zu Beginn ihrer offenbar sehr glücklichen und haltbaren Ehe nahmen Chien-Shiung Wu und Luke Yuan denn auch lange Zeiten der Trennung um der Wissenschaft willen in Kauf. So akzeptierte Frau Wu kurz nach ihrer Heirat ein Angebot als Assistenzprofessorin am Smith College in Massachusetts, während ihr Mann an die mehrere hundert Kilometer entfernten RCA Research Laboratories nach Princeton ging. Dieses Prinzip hielten die Eheleute auch später aufrecht: Beide waren Wissenschaftler und fasziniert von ihrer Arbeit. Beide hatten aber zugleich große Achtung für die wissenschaftlichen Interessen und die berufliche Karriere ihres Partners und vermieden alles, was diese hätte beeinträchtigen können.

Vom Jahre 1943 an forschte und lehrte „Miß Wu", wie die Wissenschaftlerin auch als verheiratete Frau noch lange Jahre unter ihren Kollegen hieß, an der Columbia University in New York – bis 1944 im Rahmen des geheimen Manhattan Projekts zum Bau der Atombombe. Von 1946 bis 1952 beschäftigte sie sich erfolgreich mit dem Beta-Zerfall, einem Thema, populär und beliebt bei Kernphysikern, das bereits in Wus Doktorarbeit eine Rolle gespielt hatte. 1957 gelang Frau Wu in dem nach ihr benannten Wu-Experiment der Nachweis der Paritätsverletzung bei schwachen Wechselwirkungen und damit der empirische Beweis für die gewagte Hypothese von Lee und Yang.

Chien-Shiung Wu hat die Geschichte ihrer Entdeckung in anschaulicher Weise selbst erzählt.² Durch ihre Arbeit am Beta-Zerfall schien sie prädestiniert für ihren Erfolg: „Obwohl von 1952 ab mein Interesse für den Beta-Zerfall allmählich nachließ, war er für mich immer noch wie ein alter Freund. Dafür würde es immer einen Platz in meinem Herzen geben. Dieses Gefühl wurde erneuert, als eines Tages im Frühling 1956 Professor T.D. Lee herauf in mein kleines Zimmer im 13. Stock der Pupin-Laboratorien kam. Er stellte mir eine Reihe von Fragen zum Stand des experimentellen Wissens über den Beta-Zerfall."

Der Grund für Professor Lees Interesse an diesem Prozeß war die Frage räumlicher Spiegelung bei subatomaren Reaktionen, genauer gesagt: das damit eng verknüpfte Problem möglicher Paritätsverletzung bei schwachen Wechselwirkungen. Lee beschäftigte sich intensiv mit dieser Hypothese und suchte nach einem experimentellen Beweis dafür in der Literatur.

Frau Wu konnte Lee zunächst nicht helfen. Es gab zu diesem Zeitpunkt keinerlei experimentelle Daten zur Paritätsverletzung, auch nicht zur Paritätserhaltung. Man sah es vielmehr für selbstverständlich an, daß die räumliche Parität bei allen Wechselwirkungen erhalten bleibt. Alle Philosophen haben wie Immanuel Kant angenommen und alle Physiker sind ihm darin gefolgt, daß eine Vertauschung von rechts und links bei Naturprozessen keinen Unterschied machen kann. D.h. für jeden physikalischen Prozeß ist der räumlich gespiegelte Vorgang ebenso möglich, und dabei ist nicht einmal unterscheidbar, ob man es mit dem Original oder seinem Spiegelbild zu tun hat.

Diese Auffassung, die alle europäischen Physiker sozusagen mit der Muttermilch eingesogen haben, wurde für so selbstverständlich erachtet, daß sich niemand um eine experimentelle Überprüfung bemüht hat. Es bedurfte wohl der Unbekümmertheit der beiden von europäischen Denkstrukturen freien jungen Chinesen Lee und Yang, daß sie bei der Beschäftigung mit einem damals verzwickten Rätsel in der Elementarteilchenphysik auf die Idee verfielen, daß Original und Spiegelbild nicht immer ununterscheidbar sein müssen.

Chien-Shiung Wu sah hier mit Recht die Forscher-Chance ihres Lebens: „Im Anschluß an Professor Lees Besuch begann ich die Sache zu durchdenken. Dies war eine goldene Gelegenheit für einen Beta-Zerfall-Physiker auf eine Feuerprobe, und wie hätte ich sie vorbeigehen lassen sollen? Selbst wenn es sich herausstellen sollte, daß die Paritätsverletzung beim Beta-Zerfall gültig war, so würde das experimentelle Ergebnis letztlich eine Obergrenze für seine Verletzung setzen und auf diese Weise weitere Spekulationen beenden, daß die Parität nicht verletzt wird."[3]

Frau Wu's Gedanke war es, für den experimentellen Beweis der Paritätsverletzung bei schwachen Wechselwirkungen eine polarisierte Kobalt-60-Quelle zu benutzen, eine Technik, mit der sie seit längerem vertraut war. Hier waren allerdings ganz neue, nie erprobte, schwierige Anforderungen an das Verfahren zu stellen.

Die Physikerin war so gepackt von ihrem geplanten Experiment, daß sie alle sonstigen beruflichen und privaten Pläne fürs erste hintanstellte: „In diesem Frühjahr hatten mein Mann Chia-Liu Yuan und ich den Besuch einer Internationalen Konferenz über Hochenergie-Physik in Genf geplant und wollten dann zu einer Vorlesungstour in den Fernen Osten weiterreisen. Beide hatten wir China 1936 verlassen, genau zwanzig Jahre zuvor. Unsere Passagen auf der ‚Queen Elizabeth' waren gebucht, ehe mir zu Bewußtsein kam, daß ich unverzüglich das Experiment machen mußte, bevor der Rest der Gemeinschaft der Physiker die Bedeutung dieses Versuchs erkannte und ihn vor mir anstellte. Obwohl ich fühlte, daß die Chancen, daß das Gesetz der Paritätsverletzung falsch sein könnte, vage waren, mußte ich das Experiment unbedingt machen. So bat ich Chia-Liu, ohne mich zu fahren. Zum Glück sah er ein, wie wichtig der Zeitfaktor war, und erklärte sich schließlich bereit, allein zu fahren."[4]

Tatsächlich war das Experiment eilig, wenn Frau Wu die Priorität wahren und berühmt werden wollte: Lee und Yang veröffentlichten im Juni 1956 einen Aufsatz mit dem Titel „Frage der Paritätserhaltung in schwachen Wechselwirkungen", in dem sie mehrere spezielle Experimente vorschlugen. Die Gefahr war groß, daß sich auch andere Experimentalphysiker an die Arbeit machten.[5]

Frau Wu brauchte für ihr geplantes Nuklear-Experiment die Hilfe eines Tieftemperatur-Laboratoriums mit spezieller Ausrüstung, das es in dieser Form an der Columbia University nicht gab. Das nächstgelegene war im National Bureau of Standards in Washington, wo der Tieftemperatur-Fachmann Dr. Ernest Ambler aus Oxford seit mehreren Jahren arbeitete. Ambler war sofort von Wu's Plan begeistert, als die New Yorker Physikerin ihn anrief und um Mitarbeit bat. Nach dreimonatiger Vorbereitung an der Columbia University, in denen

Chien-Shiung Wu Detektoren für Beta-Strahlen testete und Magnetfeld-Effekte studierte, traf sie sich Mitte September erstmals mit Ambler in dessen Labor in Washington. Über diese erste Begegnung schrieb sie später: „Er war genau so, wie ich ihn mir aus unseren zahlreichen Telefonaten vorgestellt hatte – mit sanfter Stimme, fähig, effizient und obendrein Vertrauen einflößend."[6]

Ambler brachte seine Mitarbeiter R. P. Hudson, R. W. Hayward und D. D. Hoppes in die Gruppe ein, und Frau Wu war dankbar für den personellen Zuwachs: „In den aufregenden, doch auch nervzerrenden Tagen und Nächten, als wir kaum Schlaf bekamen, hätten wir gern noch mehr solcher fähigen Mitarbeiter gehabt."[7]

Nach einigen Rückschlägen und neuen Anläufen sahen Frau Wu und die NBS-Forscher Mitte Dezember 1956 – also ein halbes Jahr nach dem Entwurf und praktischen Beginn des Projekts – erstmals einen Asymmetrie-Effekt. Sie waren allerdings zu vorsichtig, um jetzt schon ihren Augen zu trauen, geschweige denn irgendjemanden außerhalb des Laboratoriums von ihrer Entdeckung wissen zu lassen.

In den nächsten Wochen reiste Frau Wu unermüdlich zwischen den Experimenten in Washington und ihren Vorlesungen und Forschungsaktivitäten an der Columbia University hin und her. Privatleben gab es für sie kaum mehr. Am Weihnachtsabend beispielsweise kehrte sie mit dem letzten Zug nach New York zurück. Der Flughafen war wegen schwerer Schneefälle geschlossen. Sie ruhte nicht, bis sie Professor Lee berichtet hatte, daß die beobachtete Asymmetrie sehr groß war und sich im Experiment hatte wiederholen lassen. Sie versprach in Kürze ein definitives Ergebnis, sobald alle Tests abgeschlossen waren.

Am 2. Januar 1957 fuhr Frau Wu zur letzten Serie der Tests nach Washington. Inzwischen hatten sich bereits Gerüchte verbreitet, daß ihr Experiment genau so bedeutend sei wie seinerzeit das Michelson-Morley-Experiment, mit dem Ende des 19. Jahrhunderts die Annahme der Existenz von Lichtäther widerlegt und die entscheidende Grundlage für die spezielle Relativitätstheorie geschaffen worden war.

Am 9. Januar morgens um zwei Uhr war es soweit: Alle Tests waren erfolgreich durchgeführt und die strittige Frage der Paritätsverletzung eindeutig beantwortet. Das fünfköpfige Forscherteam blieb noch eine Weile im Labor, um das große Ereignis zu feiern. In Frau Wu's Erinnerung sieht das so aus: „Dr. Hudson öffnete lächelnd seine Schublade, holte eine Flasche „Château Lafitte Rothschild 1949" hervor, stellte sie auf den Tisch und ein paar Pappbecher dazu. Wir tranken auf den Untergang des Paritätsgesetzes."[8]

Am Abend des gleichen Tages eilte Frau Wu nach New York zurück, wo sie sich einen Tag später mit Lee und Yang im Raum 831 der Pupin Laboratories in der Columbia University traf. Die drei Physiker diskutierten die Ergebnisse der Experimente, über die Frau Wu bereits einen Bericht für die „Physical Review" verfaßt hatte, der kurz darauf erschien. Drei Tage später veranstaltete der Fachbereich Physik der Columbia University eine Pressekonferenz, um den dramatischen Untergang des geheiligten physikalischen Prinzips der „Erhaltung der Parität" der Öffentlichkeit bekanntzugeben. Die Neuigkeit landete am nächsten Tag mit einer Schlagzeile auf der ersten Seite der „New York Times" und trat von dort aus ihren Siegeszug rund um die Welt an.

Lee und Yang erhielten noch im gleichen Jahr 1957 den Physik-Nobelpreis. Chien-Shiung Wu und die vier Forscher aus dem National Bureau of Standards gingen leer aus – zu Unrecht, wie viele Fachleute meinten.[9] Daß Chien-Shiung Wu ein weiblicher Physiker war, scheint dabei keine Rolle gespielt zu haben. Denn auch die Bedeutung der vier NBS-Physiker, die die Kobalt-Kerne polarisierten, wurde offenbar „systematisch unterschätzt".[10] Eher lag der Grund wohl in der überkommenen Mißachtung der experimentellen gegenüber der theoretischen Physik.

Im Falle von Lee und Yang auf der einen Seite und Frau Wu auf der anderen scheint dabei eine besonders delikate Situation vorzuliegen, weil Lee und Yang nicht nur die neue Theorie erdacht, sondern auch den experimentellen Rahmen dafür weitgehend gedanklich vorgegeben hatten. Dazu der Physik-Professor Valentine L. Telegdi von der Eidgenössischen Technischen Hochschule in Zürich, der parallel mit Frau Wu zu dem Problem der Paritätsverletzung an der University of Chicago experimentiert und wenig später ebenfalls die Paritätsverletzung bestätigt hat: „Was nobelpreiswürdig ist und was nicht, darüber gehen die Meinungen auseinander. Persönlich meine ich, daß ein Versuch, den Theoretiker explizit vorgeschlagen haben und der mit wohlbekannten Methoden ausgeführt wird, keinen Nobelpreis verdient (das gilt auch für mich)."[11]

Auch wenn Madame Wu keinen Nobelpreis bekommen hatte, fehlte es in ihrer späteren Karriere nicht an hochrangigen Ehrungen. Die Frau, die nach ihrem raffinierten Experiment als die hervorragendste Physikerin ihrer Zeit galt, erhielt zahlreiche amerikanische Wissenschaftspreise sowie den namhaften Wolf Prize aus Israel. Sie war der erste lebende Wissenschaftler, nach dem ein Asteriod benannt wurde. Chien-Shiung Wu starb am 16. Februar 1997 im Alter von 84 Jahren in Manhattan.

Rosalind Franklin
(Francis Crick, James Watson, Maurice Wilkins: Medizin-Nobelpreis 1962)

Der Medizin-Nobelpreis 1962 wurde gedrittelt. Er ging an die Engländer Francis Crick und Maurice Wilkins und an den Amerikaner James Watson für ihre Beiträge zur Aufklärung des Baus der Desoxyribonukleinsäure (DNS). Die drei Forscher hatten neun Jahre zuvor die sogenannte Doppelhelix-Struktur der DNS entdeckt. In den zwei ineinander verwobenen Spiralketten des DNS-Moleküls sind alle Erbinformationen und Baupläne eines Lebewesens enthalten. Diese Erkenntnis aus dem Jahre 1953 gilt als der wichtigste Fortschritt in der Biologie des 20. Jahrhunderts.

Die englische Biochemikerin Rosalind Franklin, die an dieser bahnbrechenden Entdeckung gleichfalls beteiligt war, fehlte in Stockholm. Sie war vier Jahre zuvor im Alter von siebenunddreißig Jahren an Krebs gestorben, und das Nobel-Komitee pflegt seine Ehrungen nicht posthum zu vergeben. Wenn Rosalind Franklin allerdings 1962 noch gelebt hätte, hätte das Komitee wohl Mittel und Wege finden müssen, sie an dem Preis teilhaben zu lassen.

Daß man sich heute noch an Rosalind Franklin erinnert, liegt nicht nur an dem entgangenen Nobelpreis, sondern vor allem an dem 1968 erschienenen Buch von James Watson „The Double-Helix",[1] das seinerzeit die akademische Etikette verletzte und einen Sturm der Entrüstung hervorrief. Rosalind Franklin – von Watson in seinem Buch immer nur despektierlich „Rosy" genannt – ist eine der Hauptpersonen dort. Dem flüchtigen Leser wird sie als blaustrümpfiges, aufmüpfiges Aschenputtel im Forschungslabor von Maurice Wilkins präsentiert. Ihr schlimmster Fehler scheint dabei ihr völliger Verzicht auf die Attribute weiblicher Eitelkeit: „Sie tat ganz bewußt nichts, um

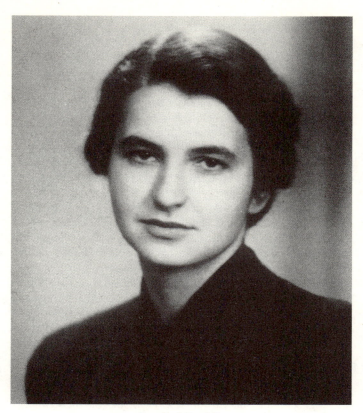
Rosalind Franklin

ihre weiblichen Eigenschaften zu unterstreichen. Trotz ihrer scharfen Züge war sie nicht unattraktiv, und sie wäre hinreißend gewesen, hätte sie auch nur das geringste Interesse für ihre Kleidung gezeigt. Das tat sie nicht. Nicht einmal einen Lippenstift, dessen Farbe vielleicht mit ihrem glatten, schwarzen Haar kontrastiert hätte, benutzte sie, und mit ihren einunddreißig Jahren trug sie so phantasielose Kleider wie nur irgendein blaustrümpfiger englischer Teenager. Insofern konnte man sich Rosy gut als das Produkt einer unbefriedigten Mutter vorstellen, die es für überaus wünschenswert hielt, daß intelligente Mädchen Berufe erlernten, die sie vor der Heirat mit langweiligen Männern bewahrten."[2]

Die Biographie der Amerikanerin Anne Sayre „Rosalind Franklin & DNA" hat Watsons sehr persönliches, stellenweise zweifellos chauvinistisches Bild der jungen Kristallographin später zu revidieren versucht. Sie hat den beiden Nobelpreisträgern Watson und Crick ihrerseits vorgeworfen, sich mit fremden Federn geschmückt zu haben, auf Kosten Rosalind Franklins. Allerdings wurden Anne Sayre in der Folge feministische Tendenzen und zugleich schwere Sachirrtümer vorgeworfen.[4] Inzwischen gibt es eine wachsende Literatur über den damaligen Entdeckungsprozeß der DNS, unter anderem ein weiteres Buch von einem der Beteiligten selbst, nämlich von Francis Crick.[5] Die jüngeren Veröffentlichungen relativieren Sayres Thesen vom „Ruhmesraub"[6] an Rosalind Franklin, doch findet die englische Forscherin überall nachhaltige Anerkennung, selbst bei ihrer ehemaligen Konkurrenz: „Jedenfalls war Rosalinds experimentelle Arbeit erstklassig. Sie hätte wohl kaum besser sein können."[7]

Rosalind Elsie Franklin wurde am 25. Juli 1920 in London geboren. Sie war das zweite von insgesamt fünf Kindern, darunter drei Söhnen, von Ellis und Muriel Franklin.[8] Sie entstammt einer alten, angesehenen britisch-jüdischen Bankiers- und Künstlerfamilie, die sehr wohlhabend war. Ihr ganzes Leben lang verfügte Rosalind Franklin über ein Privateinkommen, das sie finanziell unabhängig machte. Sie hätte keinen Brotberuf gebraucht und widmete sich nach einer vorzüglichen Schulausbildung an der Londoner St. Pauls's Girl School der Wissenschaft aus reiner Neigung. Ihr Vater hätte es lieber gesehen, wenn sie einen sozialen Beruf ergriffen oder geheiratet und Kinder gehabt hätte. Aber sie begann entgegen seinen Vorstellungen in Cambridge ein naturwissenschaftliches Studium.

Rosalind Franklin war offenbar schon in früher Jugend ein ebenso willensstarker wie temperamentvoller, zugleich aber auch verschlossener und schüchterner Mensch. Ihre Mutter beschreibt, wie leidenschaftlich und heftig bereits das junge Mädchen an vielen Dingen Anteil nahm: „Ihre Neigungen als Kind und auch im späteren Leben waren tief und stark und beständig, nur trug sie ihre Gefühle nie zur Schau und konnte sie schlecht in Worte fassen. Diese Mischung aus Gefühlsstärke, Sensibilität und Reserviertheit, oft kompliziert durch intensive Konzentration auf das, was sie gerade tat, ... konnte entweder eisiges Schweigen provozieren oder einen Sturm ... Die Willensstärke und ihr manchmal etwas herrisches Gebaren und ungestümes Temperament blieben für sie charakteristisch ihr Leben lang."[9]

Rosalind Franklins Doktorvater in Cambridge, der spätere Chemie-Nobelpreisträger Ronald Norrish, beurteilte sie als „eigensinnig und schwer lenkbar", als Menschen, „mit dem die Zusammenarbeit nicht einfach ist".[10] Maurice Wilkins, ihr Kollege am King's College, fand sie „ziemlich wild, wissen Sie. Sie pflegte persönlich zu werden, und das machte es jedenfalls, was mich anbetrifft, ganz unmöglich, ein zivilisiertes Gespräch zu führen. Ich mußte dann einfach weggehen."[11] Rosalind Franklins Mitarbeiter am King's College, Raymond Gosling, sah vor allem ihre intellektuellen Ansprüche im Umgang mit anderen Menschen: „Sie hat keine dummen Leute ertragen. Man mußte auf dem Stand der Diskussion sein, sonst war man im Gespräch verloren, und das geschah oft."[12]

Schon früh entschied sich die Wissenschaftlerin gegen die Ehe: „Rosalinds Vorstellung von der Ehe gründete sich bis in ihr drittes Lebensjahrzehnt ausschließlich auf das, was sie in der Ehe ihrer Eltern gesehen hatte, die sie buchstäblich als Modell, als feststehenden Prototypus ansah: starker, dominierender

Mann, untergeordnete Frau ... Die Ehe, betrachtet auf die einzige Weise, in der sie Rosalind sehen konnte, war so entgegengesetzt zu der Verpflichtung, die sie gegenüber ihrer Arbeit fühlte, daß der Verzicht auf diese Möglichkeit eine Art Erleichterung bedeutet haben mag."[13]

Rosalind Franklin ging 1938 ans Newnham College in Cambridge. Sie verließ Cambridge 1942 im Alter von zweiundzwanzig Jahren als ausgebildete physikalische Chemikerin. Ihre erste Stelle trat sie bei der „British Coal Utilization Research Association" an, einer Organisation zur Erforschung der physikalisch-chemischen Eigenschaften der Kohle. Sie blieb dort fünf Jahre und arbeitete sehr erfolgreich.

1947 ging sie nach Paris ans „Laboratoire Central des Services Chimiques de l'Etat". Diese Jahre in der aufgeschlossenen, gelockerten und anregenden Atmosphäre des Nachkriegs-Frankreichs waren für die junge Forscherin beruflich und privat wahrscheinlich die glücklichste Zeitspanne ihres Lebens.[14]

In Paris entdeckte Rosalind Franklin für sich ein neues Forschungsgebiet, die Röntgenkristallographie, also die Untersuchung von Kristallstrukturen mit Hilfe von Röntgenstrahlen. Diese neue Technik war ihr Einstieg am Londoner King's College, als sie – inzwischen dreißig Jahre alt – 1950 nach England zurückkehrte. Am King's College wartete ein Forschungsstipendium auf sie und zugleich der Auftrag, dort eine Röntgenstrahlenbeugungsabteilung aufzubauen, die dem Labor damals noch fehlte.[15] Zusätzlich sollte sie auf dem Gebiet der Desoxyribonukleinsäure forschen, zu dem es schon vor ihrem Arbeitsantritt ein länger laufendes Forschungsprogramm unter Leitung von Maurice Wilkins gab.[16] Wilkins Schüler Raymond Gosling hatte bereits DNS-Röntgenaufnahmen angefertigt, die aber noch nicht die gewünschte Schärfe aufwiesen.

Rosalind Franklin begann im September 1951 zusammen mit Gosling mit eigenen Röntgenaufnahmen. Sie machte dabei anfangs rasch Fortschritte, indem sie eine von Wilkins entwickelte Technik verbesserte, der DNS Wasser zuzusetzen. Wilkins und Gosling hatten zunächst die kristalline Form extrahierter DNS geröntgt – die sogenannte A-Form. Frau Franklin und Gosling fanden nun heraus, daß sich die DNS-Form beim Zusatz von Wasser völlig veränderte. Sie ging von der A-Form in die sogenannte B-Form über und ergab die besten Röntgenaufnahmen von der DNS, die bis dahin existierten. Frau Franklin interpretierte die Bilder zutreffend als Hinweis auf eine spiralförmige DNS-Struktur. Allerdings veröffentlichte sie ihre Ergebnisse nicht.[17]

Ende 1951 begannen sich Franklin und Gosling wieder mit der A-Form zu beschäftigen. Die sehr komplexen Muster auf den Röntgenaufnahmen hatten neuerlich ihr Interesse geweckt.[18] Anfangs war Rosalind Franklin überzeugt, daß diese Bilder auch eine Spiral- oder Helixstruktur zeigten. Später änderte sie ihre Meinung und folgte bis Januar 1953 einer falschen Fährte. Sie kehrte anschließend zur B-Form zurück und erwog einfache und multiple Helix-Strukturen. Am 17. März schrieb sie zusammen mit Gosling einen kurz darauf wieder verworfenen Bericht darüber, in dem sie dreifache und doppelte Helices diskutierte. Erst als sie erfuhr, daß Watson und Crick die Struktur der A-Form gelöst hatten, holte sie ihren Beitrag vom 17. März wieder hervor und überarbeitete ihn im Licht der Erkenntnis aus Cambridge, so daß er am 25. April zusammen mit dem ersten berühmten Beitrag von Watson und Crick über Struktur und Funktion der DNS sowie einem weiteren Beitrag der Wilkins-Gruppe zur DNS in der Zeitschrift „Nature" erscheinen konnte.[20]

Watson und Crick ihrerseits waren beeindruckt, wie sehr die von Franklin und Gosling veröffentlichten Röntgenbilder ihr eigenes Strukturmodell der DNS bestätigten. Crick beschreibt seine Überraschung, „als wir entdeckten, daß sie so weit gekommen waren" und seine Freude, „wie sehr ihr experimentelles Material unsere Theorie stützte".[21] Nach ihrem noch relativ vorsichtig formulierten Beitrag vom 25. April in „Nature"[22] veröffentlichten Watson und Crick fünf Wochen später einen zweiten, sehr viel spekulativeren Aufsatz über die genetische Bedeutung der DNS. Sie machten damit die Lösung des biochemischen Rätsels der DNS eindeutig zu ihrem eigenen Erfolg und entschieden den Urheberstreit zu ihren Gunsten.

Daß Watson und Crick letztlich bei der Entdeckung der Doppel-Helix das Rennen machten, ist um so erstaunlicher, als keiner von beiden – im Gegensatz zu Maurice Wilkins und Rosalind Franklin – vorrangig über DNS gearbeitet und irgendwelche Experimente dazu gemacht hatte. Der einunddreißigjährige Crick, ein Bekannter von Maurice Wilkins, saß noch immer an seiner Doktorarbeit über die Röntgenbeugung von Proteinen, als er 1951 den acht Jahre jüngeren Amerikaner Jim Watson kennenlernte, der mit einem Forschungsstipendium nach Cambridge gekommen war. Crick und Watson waren beide fasziniert von dem Problem der DNS, das damals sozusagen in der Luft lag, und machten es zu ihrem privaten Forschungshobby. Sie waren sich einig, daß der richtige Weg zur Erklärung der DNS-Struktur der Bau verschiedener Modelle sei.

Ihr erster Versuch mit einem Modell endete in einem Fiasko. Sie probierten weiter und hatten beim nächsten Mal mehr Glück, als Jim Watson durch Zufall die Bestimmung der richtigen Basen-Paare des Modells gelang. Crick schrieb dazu später: „In gewissem Sinne war Jims Entdeckung Glück, aber schließlich und endlich ist bei allen Entdeckungen ein wenig Glück mit im Spiel. Wichtiger ist, daß Jim nach etwas Wichtigem suchte und augenblicklich die Bedeutung der richtigen Basenpaare erkannte, als er sie per Zufall entdeckte – ‚der Zufall hilft dem, der vorbereitet ist‘ ".[23]

Die Wissenschaftler am Londoner King's College standen dem Ansatz von Watson und Crick, bevor er zum Erfolg geführt hatte, eher ablehnend gegenüber. Vor allem von Rosalind Franklin wird berichtet, daß sie soweit als möglich ihre experimentellen Daten ausnutzen und sich nicht auf Spekulationen einlassen wollte. Crick vermutet, „sie war der Ansicht, ein Erraten der Struktur, indem man die verschiedenen Modelle ausprobierte und nur ein Minimum an experimentellen Daten heranzog, sei zu gewagt."[24] Er schreibt weiter: „Alles, was sie tat, war durchaus vernünftig, fast zu vernünftig ... Und ein Grund dafür war meines Erachtens, ... daß sie das Gefühl hatte, eine Frau müsse beweisen, daß sie wirklich professionell ist. Jim hatte keinerlei solcher Skrupel hinsichtlich seiner Fähigkeiten.

Er wollte einfach die Antwort, ob er die nun mit Hilfe vernünftiger oder gewagter Methoden erhielt, kümmerte ihn kein bißchen. Alles, was er wollte, war, die Antwort so schnell wie möglich zu bekommen."[25]

Rosalind Franklins korrekte experimentelle Arbeitsweise hatte zur Folge, daß sie letztlich nur langsam vorankam. Das wäre kein Problem gewesen, wenn beliebig Zeit zur Verfügung gestanden hätte. Selbst Crick scheint – wie andere auch – der Meinung, daß Franklin nur ein paar Wochen oder Monate mehr gebraucht hätte, um mit ihm und Watson gleichzuziehen.[26]

Andere Begleitumstände von Franklins Arbeit erwiesen sich gleichfalls als Handicap. Ihr kühles Verhältnis zu Maurice Wilkins etwa, mit dem sie eher konkurrierte als kooperierte.[27] Obwohl beide im selben Kellerlabor mit DNS experimentierten, behinderte der kriegsähnliche Zustand zwischen ihnen das Forschungstempo nachhaltig: „Hätten sie sich zu einem funktionierenden Ideenaustausch durchringen können, so wäre es durchaus möglich, ja wahrscheinlich gewesen, daß sie gemeinsam schon vor 1953 die Struktur der DNS entdeckt hätten."[28]

Kaum vorstellbar, daß es im November 1951 sogar einen Zeitpunkt gab, zu dem Watson und Crick den Forschern vom King's College einen gemeinsamen Kurs vorschlugen – damals nämlich, als sich ihr erstes fehlerhaftes Modell, das sie in Anwesenheit von Franklin und Wilkins in Cambridge feierlich enthüllt hatten, als falsch erwies. Der Augenblick war sicher nicht sehr geschickt gewählt, und Watsons und Cricks Kooperationsangebot stieß denn auch bei den Wissenschaftlern aus London auf kühle Ablehnung.

Watson und Crick kamen später allein zurecht. Daß sie die ihnen bekannten, großenteils öffentlichen Daten von Wilkins und Franklin benutzten, ist ihnen kaum zum Vorwurf zu machen, zumal sie diesen Umstand nie verheimlicht haben.[29] Anne Sayre allerdings vertritt die Ansicht, daß Rosalind Franklin einen „langsamen und schleichenden Raub" ihrer Ideen habe hinnehmen müssen. Sie schreibt: „Watson und Crick hätten für sich allein eine ureigene Arbeit über das Basenpaarbildungsschema schreiben und veröffentlichen sollen, und sie hätte für beide bleibenden Ruhm gesichert. Über die Gesamtstruktur (der DNS) hätte ein gemeinsamer Beitrag geschrieben werden sollen mit genauem Nachweis, welche Anteile jeweils genau von Crick, Watson und Rosalind Franklin stammten. Zwar wäre dann der Entdeckerruhm etwas mehr geteilt worden, aber es hätte auch historisch keine Unklarheit geherrscht, wer was getan hatte. Der Ruhm hätte für alle gereicht."[30]

Bei allem Verständnis für das Bemühen, Rosalind Franklins Leistung bei der Entdeckung der DNS Gerechtigkeit zu erweisen, diese Kritik ist ungerechtfertigt. Jedenfalls scheint es naiv, beim Wettlauf um eine Entdeckung den erfolgreicheren Kontrahenten vorzuhalten, daß sie nicht freiwillig den Sieg geteilt haben. Warum auch hätten Watson und Crick, nachdem sie 1953 am Ziel angelangt waren, Rosalind Franklin noch Zusammenarbeit anbieten sollen, wenn die gleiche Forscherin ihr Kooperationsangebot mitten im Rennen ausgeschlagen hatte?[31]

Der Versuch, aus Rosalind Franklin eine Märtyrerin zu machen, scheint jedenfalls nicht auf Fakten gestützt.[32] Aaron Klug, Chemie-Nobelpreisträger von 1982 und in den fünfziger Jahren Mitarbeiter von Rosalind Franklin während ihrer letzten Arbeitsjahre am Londoner Birbeck College unter dem berühmten Kristallographen John Bernal, bestätigt im Nachhinein, daß sich Frau Franklin weder als Kreuzzüglerin noch als weiblicher Pionier verstand. Sie wollte lediglich als ernsthafte Wissenschaftlerin akzeptiert werden.

Das scheint ihr letztlich doch noch gelungen zu sein. In Bernals Laboratorium arbeitete sie über das Tabakmosaikvirus und weitete Watsons und Cricks qualitative Ideen über die Spiralform der DNS in eine quantitative Darstellung aus.

Inzwischen nimmt Rosalind Franklin in der Chronik der gesamten Entwicklung, die zur Entdeckung der DNS führte, als erstklassige Experimentatorin ihren gebührenden Platz ein. Die Frage des Nobelpreises wird heute – wenn auch hypothetisch – zu ihren Gunsten entschieden. Es überwiegt die Meinung, daß man Rosalind Franklin bei der Preisverleihung letztlich nicht ausgelassen hätte.[33] Es scheint so, daß nur ihr Tod sie um den Preis gebracht hat.

Jocelyn Bell Burnell
(Anthony Hewish: Physik-Nobelpreis 1974)

Auch im Jahre 1974 ist eine Wissenschaftlerin am Zustandekommen eines Nobelpreises nicht ganz unbeteiligt gewesen: Ohne die Knochenarbeit der jungen englischen Radioastronomin Jocelyn Bell Burnell aus Cambridge, die Ende der sechziger Jahre die ersten vier Pulsare entdeckte, hätte ihr Forschungsdirektor Professor Anthony Hewish kaum „für seine entscheidende Rolle in der Entdeckung der Pulsare" mit dem Physik-Nobelpreis 1974 ausgezeichnet werden können. „Pulsare", damals neuartige Himmelskörper, sind nach heutigem Verständnis rotierende Neutronensterne von geringem Durchmesser und höchster Dichte, vermutlich die Relikte von Supernova-Ausbrüchen, die Radiofrequenzimpulse aussenden, die auf der Erde empfangen werden. Zur Zeit ihrer Entdeckung hatte man die Pulsare weder erwartet noch paßten sie in das bestehende theoretische Konzept.

Jocelyn Bell Burnell, der eigentlich diese „serendipity", d.h. dieser unvermutete, glückliche Fund der Pulsare zu verdanken ist, fühlte sich bei der Nobelpreisvergabe trotzdem nicht übergangen. Im englischen Wissenschaftsmagazin „New Scientist" meinte sie damals: „Hewish hatte schließlich die Idee, plante und beschaffte das Geld für das Radioteleskop, mit dem mir diese Entdeckung gelang." Die junge Radioastronomin verschwieg allerdings nicht, daß sie selbst als vierundzwanzigjährige Forschungsstudentin die eigentliche Arbeit an diesem Teleskop gemacht hatte: Dreißig Meter maschineller Ausdrucke hatte sie täglich ausgewertet, bis sie auf die merkwürdigen neuen Himmelskörper stieß. Doch Jocelyn Bell Burnell blieb bescheiden: „Jeder andere an unserem Teleskop hätte mit ein bißchen Aufmerksamkeit die Pulsare ebenfalls gefunden," sagte sie. Im September 1968 verließ sie Cambridge mit frisch erworbenem Doktorhut.

Schon bald nach der Nobelpreisvergabe machten Gerüchte die Runde, daß Jocelyn Bell um ihren Anteil am Nobelpreis betrogen worden sei. Sie habe die Arbeit gemacht und Hewish als ihr Vorgesetzter den Preis dafür eingesteckt. Tatsächlich war ja der Nobelpreis an Hewish nicht etwa für seine Entdeckung der Pulsare, sondern „für seine entscheidende Rolle bei der Entdeckung der Pulsare" vergeben worden.

Einen energischen Anwalt ihrer Sache fand Jocelyn Bell ohne ihr eigenes Zutun in Hewish's Kollegen und angeblich entschiedenstem Widersacher Fred Hoyle. Der Astrophysiker Hoyle nannte den Nobelpreis an Hewish schlichtweg „einen Skandal". In einem Brief an die für solche Debatten stets empfängliche Leserbriefseite der Londoner „Times"[2] behauptete er, daß Bell Burnells Entdeckung der Pulsare sechs Monate geheimgehalten worden sei, bis sie endlich zur Veröffentlichung kam. Hoyle monierte weiter, daß die Veröffentlichung die Namen von insgesamt fünf Verfassern trug – außer Hewish und Bell Burnell noch drei weitere, die Diskussionshilfe bei der Abfassung des Berichts geleistet hatten. Hoyle beanstandete auch den Umfang der Veröffentlichung: Sie bestand aus zwei Teilen, einmal der Beschreibung der Entdeckung des ersten Pulsar und einer Folgeuntersuchung. Zum zweiten aus der Darlegung dessen, was Hewish anschließend geleistet hatte, was aber nach Hoyles Meinung jedes andere Laboratorium ebenso hätte bringen können.

Die Entdeckung der Radiosignale durch Bell Burnell und ihre Erkenntnis, daß die Quelle der Signale im fernen Weltenraum liegen müsse und nicht menschlichen Ursprungs sein könne, war nach Hoyles Auffassung der entscheidende Schritt. Er rühmte: „Nachdem dieser Schritt einmal getan war, konnte von da an kein zufälliges Ereignis mehr das mögliche Ergebnis verändern." Hoyle bedauerte „die Tendenz, die Größe von Fräulein Bells Leistung mißzuverstehen, weil es so simpel klingt – einfach eine große Menge von aufgezeichneten Daten immer wieder durchzusehen. Die Leistung kam aus der Bereitschaft heraus, ein Phänomen als ernsthafte Möglichkeit in Erwägung zu ziehen, das alle vergangene Erfahrung als unmöglich ansah. Ich muß in meiner Erinnerung bis zur Entdeckung der Radioaktivität durch

Jocelyn Bell Burnell

Henri Becquerel zurückgehen, um ein vergleichbares Beispiel wissenschaftlicher Kühnheit zu finden."[3]

Hewish antwortete Hoyle drei Tage nach dessen Anwurf in der „Times" an derselben Stelle.[4] Er erwiderte, die gepulste Himmelsquelle sei in mancher Hinsicht problematisch gewesen. Z.B. habe es leichte Abweichungen in der Erscheinungszeit gegeben. Zunächst einmal habe die Aufgabe bestanden auszuschließen, daß es von menschlichen Aktivitäten herrührende Störquellen waren. Es habe unter seiner Leitung ausgemacht werden müssen, ob die Signale wirklich aus dem Weltall stammten. Die nötigen Tests dazu seien erst im Januar 1968 abgeschlossen worden, obwohl die Quelle bereits im August 1967 entdeckt worden sei. Hewish lobte am Ende seiner Gegendarstellung die Leistung von Jocelyn Bell. Er bestritt aber zugleich die Annahme, daß die anderen, die die Himmelsüberwachung fortgeführt hätten, bei ihrer Arbeit die Pulsare übersehen hätten: „Mit absoluter Sicherheit hätte sie irgendjemand anderes auch gefunden."[5]

Was Jocelyn Bell Burnells Version der Geschichte von der Entdeckung der Pulsare anbetrifft, so unterscheidet sie sich nicht von der von Hewish. Frau Burnell denkt, daß „Tony" Hewish – wie sie ihren einstigen Mentor nennt – den Preis verdient hat und daß sie fair behandelt worden ist. Außerdem sei Hewish schließlich ein höheres Risiko bei der Sache eingegangen und habe deshalb dabei auch mehr gewinnen dürfen: „Mein Wissen in der Astronomie war nicht so gut wie das von Hewish, und ich riskierte auch nicht so viel wie er. Im übrigen sah er, daß das Phänomen kein Stern war, ich selbst merkte nicht, warum es kein Stern sein konnte. Ich hielt es weiter für einen Stern, bis mich jemand daraufhin wies, wie schnell es pulste."[6]

Die Entdeckung der Pulsare war eine aufregende Sache in Jocelyn Bell Burnells Leben. Sie war damals gerade vierundzwanzig. Doch der Wirbel, den ihr Forschungserfolg machte, hat sie nicht aus der Bahn geworfen. Sie fühlte sich am Ende nicht düpiert, obwohl sie nicht der Meinung ist, daß ihr Fund der Pulsare „hundert Prozent automatisch war".[7]

Jocelyn Bell kam 1965 als Studentin höheren Semesters nach Cambridge. Solange sie sich erinnern kann, wollte sie Astronomin werden.[8] Sie wurde im Jahre 1943 in Nord-Irland geboren, wo ihr Vater Architekt war. Er baute ein Observatorium für die Stadt Armagh, und als Kind begleitete ihn Jocelyn gelegentlich, wenn er dort zu tun hatte. Als die Astronomen das Interesse des Mädchens für ihr Fach bemerkten, gaben sie eine Menge Ratschläge. Einer davon lautete, daß man trainieren müsse, bis spät in die Nacht wach zu bleiben, wenn man es in der Astronomie zu etwas bringen wolle. Da es Jocelyn schon als Teenager nicht lag, nachts wach zu bleiben, fuhr sie sehr niedergeschlagen nach Hause. Zum Glück hörte sie bald, daß es einen neuen Zweig der Astronomie gab, der einen nicht unbedingt um den Nachtschlaf brachte – die Radioastronomie.

Der Weg dorthin war nicht einfach: Zunächst hatte sie an der Universität Glasgow die Handicaps ihrer bescheidenen naturwissenschaftlichen Schulbildung zu überwinden. Es gelang ihr. Am Ende des ersten Studienjahres war sie die einzige Frau, die in ihrem Jahrgang im Fach Physik übriggeblieben war. Sie erwarb ein Diplom in Physik und wurde damit 1965 als Doktorandin von Anthony Hewish für den Forschungsbereich Radioastronomie an der Universität Cambridge angenommen. Hewish hatte vor, den Himmel einer Radioüberwachung zu unterziehen und durch systematische Suche nach Radioquellen eine Übersicht über die im Weltraum enthaltenen, kurz zuvor entdeckten sogenannten „Quasare" zu gewinnen, ferne Himmelsobjekte, die außerordentlich starke Radiowellen aussenden.

Bevor es ans Forschen ging, war allerdings anderes zu tun. Forschungsstudenten werden oft scherzhaft als Arbeitssklaven betituliert. Bei Jocelyn Bell war das mehr als nur ein Scherz. Sie verbrachte ihre beiden ersten Jahre in Cambridge damit, das riesige Radio-Teleskop aufzubauen, an dem sie arbeiten sollte. Es bedeckte ungefähr 18.000 Quadratmeter Boden, also ein Areal, auf dem bequem 57 Tennisplätze Raum gehabt hätten: „Wir rammten hölzerne Pfähle in den Boden, ungefähr tausend an der Zahl, brachten die Antennen – Kupferdrähte zwischen den

Pfosten – an und verbanden sie durch Leitungskabel. Ich glaube, es waren 190 Kilometer Draht und Kabel."[9] Obwohl zierlich von Gestalt, konnte die junge Frau am Ende dieser jahrelangen Kraftanstrengung mühelos einen 20-Pfund-Hammer schwingen.[10]

Im Juli 1967 war das System fertig, und Jocelyn Bell nahm es in Betrieb. Sie analysierte gewissenhaft die Daten, die es ausspuckte, pro Tag einen dreißig Meter langen Streifen bedruckten Millimeter-Papiers, und das alles von Hand ohne Computer, weil damit die differenziertere Analyse möglich war. Ihr Problem war dabei, die gesuchten empfindlichen Pulsquellen von Störungen menschlicher Herkunft zu unterscheiden, beispielsweise Polizeifunk, Höhenmesser von Flugzeugen oder Piratensender auszuklammern. Bereits am 6. August 1967 entdeckte Jocelyn Bell den ersten Pulsar. Zunächst allerdings traute sie ihrer Entdeckung nicht, denn sie hatte nichts als eine kleine Merkwürdigkeit gefunden, die von einem bestimmten Himmelsstrich zu ungewöhnlich später Stunde stammte und etliche Male auftrat. Was sie hatte, waren in eineindrittel Sekunden wiederkehrende Zacken im Diagramm, die nicht einzuordnen waren.

Auch Hewish wußte das Phänomen anfangs nicht zu deuten und hielt es für menschlichen Ursprungs. Allerdings war diese Erklärung nicht sonderlich plausibel, weil das Objekt mit den Sternen kreiste, dieselbe Position am Himmel hielt und sich nach der Sternenzeit richtete, nach der der Tag dreiundzwanzig Stunden und sechsundfünfzig Minuten beträgt. So machte denn bald der Scherz die Runde, daß es kleine grüne Männchen sein könnten, die die Signale schickten.

In der Nacht, bevor Jocelyn Bell 1967 in die Weihnachtsferien fuhr, entdeckte sie an einem anderen Himmelsteil dasselbe Phänomen. Sie legte Hewish den Fund auf dem Millimeter-Papier kommentarlos auf seinen Schreibtisch. Nach ihrer Rückkehr zeigten sich ihr dann auf dem Diagramm eines anderen Himmelbereichs gleich zweimal die bewußten Zeigerausschläge. Damit existierten vier solche Objekte in völlig verschiedenen Himmelsbereichen.

Inzwischen war es Februar 1968, und Jocelyn Bell gab die Beobachtungsarbeit an den nächsten Forschungsstudenten ab. Sie zog sich zurück, um alle vorhandenen Karten zu analysieren und ihre Doktorarbeit zu schreiben. Dies gelang ihr offenbar mühelos.[11]

Ende Januar wurde dann die Veröffentlichung über den ersten Pulsar vorgelegt, die im Februar 1968 in „Nature" erschien.[12] Jocelyn Bell berichtet, daß ihr bei dem frühen Erscheinungstermin gar nicht wohl war: „Die Veröffentlichung basierte auf ganzen drei Stunden Beobachtung, was ich für ein bißchen riskant hielt."[13] Bell Burnells Name war bei der Veröffentlichung in „Nature" nach Hewishs Namen der zweite auf der Liste der Autoren, gefolgt von drei anderen Mitgliedern der Radioastronomie-Gruppe, die in den verschiedenen Stadien der Folgeuntersuchung geholfen hatten. Entsprechend wissenschaftlicher Gepflogenheit fehlte jeglicher Hinweis darauf, wer was wozu beigetragen hatte.

Die Veröffentlichung in „Nature" wurde eine Sensation. Jocelyn Bell kommentierte später trocken: „Wir hatten in dem Beitrag dummerweise erwähnt, daß uns die Idee von anderen Zivilisationen in den Kopf gekommen war, und als die Leute das lasen, waren sie aus dem Häuschen. Sie gerieten noch mehr aus dem Häuschen, als sie entdeckten, daß J. Bell weiblich war." Sie mußte nicht nur über ihre Entdeckung Rede und Antwort stehen, sondern vor allem darüber, ob sie größer oder kleiner als Prinzessin Margaret sei und wie es um ihre „boyfriends" stünde. Immerhin ist der Name „Pulsar" für die neu entdeckten Neutronensterne offenbar einem Journalisten zu danken: Die Bezeichnung wurde nicht von der Forschungsgruppe selbst, sondern angeblich vom Wissenschaftskorrespondenten des „Daily Telegraph" geprägt.

Als der Pressewirbel um die Pulsare begann, hatte Jocelyn Bell bereits anderes im Kopf: Sie schrieb die letzten Kapitel ihrer Doktorarbeit und war zugleich auf Stellensuche in Süd-England, wo ihr Verlobter als Regierungsbeamter arbeitete. Kurz darauf heiratete sie und ging als Jocelyn Bell Burnell an das Mullard Laboratorium für Weltraumwissenschaft nach

Southampton. Dort analysierte sie fünf Jahre lang Daten von Satellitenflügen. Für die Forschung blieb ihr dabei wenig Zeit, was sie sehr bedauerte. Aber sie hatte den Job angenommen, weil sie einen Arbeitsplatz in der Nähe ihres Mannes haben wollte. Resigniert stellte sie damals fest: „Es geht einfach nicht, wenn zwei Leute zusammen leben und beide Karriere machen wollen. Einer von ihnen muß zurückstecken und mit einer Abfolge von Jobs zufrieden sein statt eine Karriere zu verfolgen."[15] Und sie redete sich selbst immer wieder gut zu, daß sie schon mehr Spannung und Glück erlebt hätte, als einem fürs ganze Leben zusteht, und daß sie nun eine verläßliche, solide, undramatische Wissenschaft betreiben müsse.[16]

1974 wechselte Jocelyn Bell Burnell an das Laboratorium in Holmbury St. Mary. Dort arbeitete sie nach der Geburt ihres Sohnes zunächst nur noch halbtags, weil sie die Nachmittage ihrem Kind daheim widmen wollte. Danach wurde Jocelyn Bell Burnell am Royal Observatory in Blackford Hill in Edinburgh angestellt. Sie leitete die Sektion, die für den Betrieb des James Clerk Maxwell Teleskops auf dem 4.200 Meter hohen Berg Mauna Kea auf Hawaii verantwortlich ist. Seit 1991 ist Bell Burnell Professor für Physik und Lehrstuhlinhaber an der angesehenen „Open University" der englischen Fernuniversität in Milton Keynes. Sie unterrichtet dort 1.000 Studenten aus ganz England, Schottland, Wales und dem übrigen Europa in Astronomie.

Jocelyn Bell Burnell ist eine von drei weiblichen Physik-Professoren in Großbritannien unter 150 Männern. Auf ihre Professur mußte Bell Burnell lange warten. Das hatte damit zu tun, daß sie viele Jahre wegen ihrer Familienpflichten nur Teilzeitstellen annahm und nur wenig Zeit für die Forschung hatte, deshalb auch nicht viel publizierte. Auch der Umstand, daß sie ihrem Mann bei dessen Stellenwechsel durch ganz England folgte, war ein gravierendes Karrierehemmnis. Inzwischen ist sie geschieden, und sie bezeichnet ihren heutigen Job als den besten, den sie je hatte. Denn zum ersten mal in ihrem Leben konnte sie eine Stelle annehmen, weil die Arbeit sie interessierte, und nicht, weil sie am passenden Ort zu haben war.

Noch immer ist die Astronomie für Bell Burnell eine ungemein anstrengende Sache. Sie gibt unumwunden zu, daß dieses Feld ein durch und durch männlich besetztes ist und damit auch die Standards männlich sind. Doch sie hat sich als Frau nie diskriminiert gefühlt: „Wir sind es alle gewöhnt, eine von sehr wenig Frauen in einem vorwiegend männlichen Unternehmen zu sein. Alles in allem genießen wir diese Situation: Die Leute wissen, wer man ist, und mit sehr wenigen Ausnahmen sind die Männer nett zu uns. Sexuelle Belästigungen haben wir nie erfahren."[17]

Noch immer ist die Frage letztlich unbeantwortet, ob Jocelyn Bell Burnell damals 1974 einen Anteil am Physik-Nobelpreis für ihre Entdeckung der Pulsare hätte erhalten müssen. Die meisten Fachkollegen meinen „Nein", denn unter Wissenschaftlern herrscht generell die Meinung, daß der Nobelpreis nicht für eine einzelne, zufällige Entdeckung vergeben werden sollte, sondern an einen Forscher mit einer langen Karriere erfolgreicher Beiträge zur Wissenschaft zu gehen hat. Nobels Testament hat seinerzeit allerdings nichts über eine dem Preis notwendigerweise vorangehende Wissenschaftlerkarriere gesagt. Es legte nur fest, daß „die Person, die im vergangenen Jahr die bedeutendste Entdeckung oder Erfindung gemacht hat", den Preis erhalten sollte. Daß die Pulsare eine solche bedeutende Entdeckung waren, darüber sind sich die Experten einig.

Die Entdeckung der Pulsare war im übrigen weder geplant noch vorausgesagt. Hewish „stolperte einfach über sie", wie er selbst in seinem Nobelvortrag sagte.[18] Zuerst allerdings war Jocelyn Bell darüber gestolpert, und es brauchte die Erfahrung und die Reputation eines gestandenen Wissenschaftlers wie Hewish, um die Entdeckung in die „scientific community" einzuspeisen.

Bleibt das Problem, wie selbständig und unersetzbar Jocelyn Bell Burnells Beitrag zur Entdeckung der Pulsare gewesen ist und ob Hewish ohne ihr Zutun nicht über die neuen Himmelsobjekte „gestolpert" wäre. Es ist die alte Frage nach dem Lehrer-Schüler-Verhältnis bzw. nach dem Unterschied zwischen voll eigenverantwortlicher wissenschaftlicher Mitarbeit und überwachter Forschungsassistenz. Welche Rolle spielte im Falle von Hewish und Burnell die Erfahrung, daß angeblich im englischen Universitätsbereich erst die Doktoranden überhaupt von ihrem Betreuer an selbständiges wissenschaftliches Arbeiten herangeführt werden? Hewish lobte in seinem Nobelvortrag Burnells „Mühe, Sorgfalt und Beharrlichkeit, die so früh in unserem Forschungsprogramm zu unserer Entdeckung führte".[19]

Burnells Entdeckung der wiederkehrenden Natur der Signale der Pulsare scheint jedoch mehr gewesen zu sein – zumindest ein Kunststück eigenen Gedächtnisses und eigener Beobachtung und nicht nur das Ergebnis fleißiger Routine und geduldigen Sitzfleisches. Im Ausfindigmachen der Pulsare ging die junge Wissenschaftlerin über ihre konkreten Anweisungen hinaus, selbst wenn sie innerhalb des ihr vorgegebenen Rahmens handelte. Vielleicht hätte auch der nächste Forschungsstudent die Pulsare entdeckt. Die historische Tatsache aber ist, daß es zunächst Jocelyn Bell war und niemand sonst, auch wenn heute mehr als 130 Pulsare auf den Himmelskarten lokalisiert sind.

Daß man die Preiswürdigkeit von Jocelyn Bell Burnells Leistung auch ganz anders beurteilen kann, zeigte das Franklin Institut in Philadelphia: Das Institut, das alle zwei Jahre seine „Albert A. Michelson"-Medaille verleiht, vergab die Ehrung 1973 gemeinsam an Hewish und Burnell – „für gleiche Anstrengungen".[20]

Bell Burnell hat noch viele andere Preise bekommen, so den Oppenheimer-Preis, den Tinsley Preis und die Herschel-Medaille, dazu Ehrendoktorhüte von sieben Universitäten sowie die Ehren-Mitgliedschaft in New Hall, ihrem vormaligen College an der Universität Cambridge. Mit Tony Hewish steht Jocelyn Bell Burnell nach wie vor auf gutem Fuß. Gelegentlich hat sie sogar noch mit ihm zusammengearbeitet. Heute ist er emeritiert, aber sie sieht ihn noch immer, wenn sie nach Cambridge kommt: „Er lebt nach wie vor dort, und ich treffe ihn und lasse mir von seinen Enkelkindern erzählen."[21] Über die Sache mit dem Nobelpreis ist von den beiden Betroffenen selbst nichts Neues mehr zu erfahren. Sie haben sich offenbar vor langer Zeit auf eine gemeinsame Linie geeinigt, die vor allem Jocelyn Bell Burnell Zügel der Bescheidenheit anlegt. Neun Jahre nach der Affäre sagte sie und bleibt bis heute dabei: „Ich glaube, es würde die Nobelpreise herabmindern, wenn sie an Forschungsstudenten verliehen würden, ausgenommen in sehr außergewöhnlichen Fällen, und ich glaube nicht, daß dies einer von ihnen war ... Ich selbst bin nicht bestürzt darüber, zumal ich mich dabei in guter Gesellschaft befinde, oder nicht?"[22]

So wächst immer mehr Gras über die Sache. Stimmen dürfte inzwischen sogar, was böse Zungen behaupten – daß heute niemand mehr von einem entgangenen Anteil Jocelyn Bell Burnells am Nobelpreis 1974 reden würde, wenn sie nicht eine Frau wäre.

Hürden auf dem Weg nach Stockholm

Manch ein Nobelpreis, der in Gedanken einem Wissenschaftler großzügig zugerechnet worden ist, scheint bei näherem Besehen formal zurecht unterblieben. Das gilt letztlich auch für die wenigen der breiteren Öffentlichkeit bekannten Frauen, die die Hürden auf dem Weg nach Stockholm hinter sich gelassen zu haben schienen und die dann doch im Schatten männlicher Nobelpreisträger verschwunden sind.

Am wenigsten spektakulär scheint dabei der Fall von Einsteins erster Frau: Mileva Marić bekam sicher schon deshalb keinen Anteil an Albert Einsteins Preis, weil eine Leistung, die auch nur andeutungsweise nobelpreisverdächtig gewesen wäre, gar nicht bekannt wurde und vermutlich überhaupt nicht existierte. Lise Meitner ist da zweifellos mit mehr Recht im Gespräch gewesen. Doch ist es plausibel, daß sie nicht geehrt wurde, weil sie emigrierte und in der entscheidenden Phase der Entdeckung von Otto Hahn bereits seit einem halben Jahr Berlin verlassen hatte. Gegen einen Anteil von Chien-Shiung Wu an Lees und Yangs Preis sprach die unter Physikern verbreitete Meinung, daß ein Experiment, das Theoretiker vorgeschlagen haben und das mit bekannten Methoden ausgeführt wird, keinen Nobelpreis verdient. Rosalind Franklin blieb im Zusammenhang mit dem Preis von Crick, Watson und Wilkins unbenannt, weil sie zum Zeitpunkt der Preisvergabe nicht mehr lebte und Nobelpreise nicht posthum vergeben werden. Jocelyn Bell schließlich machte ihre Entdeckung als abhängige Forscherin, und dieses Schüler-Lehrer-Verhältnis erlaubte nicht, sie mit dem Preisträger Anthony Hewish auf eine Stufe zu stellen.

Der Weg zum Nobelpreis ist offensichtlich weit und mühsam. Die Hürden, die männliche Naturwissenschaftler dabei nehmen müssen, gelten verstärkt für ihre weiblichen Kollegen. Nicht allein die wissenschaftliche Begabung und der wissenschaftliche Fleiß, auch der wissenschaftliche Biß und der sichtbare wissenschaftliche Erfolg nämlich sind Meilensteine für einen Nobelpreis, und hier scheinen Frauen durchaus im Hintertreffen. Denn zweifellos geht den meisten von ihnen männliches Aggressionsverhalten ab, und sie neigen kaum dazu, sich auf Kosten ihrer männlichen Kollegen in Labors und Instituten durchzusetzen.

Im Wissenschaftsbetrieb herrscht harte Konkurrenz, bei der das oft von Männern gezeigte Selbstbewußtsein erfolgreicher ist als Bescheidenheit und Zurückhaltung, die viele Frauen von kleinauf üben. Die Fähigkeit, sich selbst darzustellen und zu verkaufen, ist bei fast allen Frauen, auch bei Wissenschaftlerinnen, zu gering ausgebildet.

Falsche Bescheidenheit ist aber gerade in Sachen Nobelpreis eher hinderlich: Die zunehmende Vergabe von Nobelpreisen an kollektive Entdeckungen bei gleichzeitiger Begrenzung der Zahl der Ausgezeichneten auf höchstens drei Personen zwingt zur Individualisierung kollektiver Leistungen. Mehr denn je kommt es dabei auf das Durchsetzungsvermögen, den „Killer-Instinkt" des Einzelnen gegenüber anderen in seiner Gruppe an. Die stärksten Ellenbogen besitzen in solchen Fällen meist nicht die Frauen, die von früh an eher auf Harmoniestreben denn auf das Austragen von Konflikten ausgerichtet sind.

Wie schwierig das berufliche Fortkommen selbst für so begabte Frauen wie die späteren Nobelpreisträgerinnen gewesen ist, zeigen deren meistenteils späte akademische Berufungen. So war die Medizin-Nobelpreisträgerin von 1947, Gerty Cori, rund vierundzwanzig Jahre Forschungshilfskraft, bis sie endlich im Jahre ihres Nobelpreises mit einundfünfzig zum ordentlichen Professor berufen wurde. Die Physik-Nobelpreisträgerin von 1963, Maria Göppert-Mayer, bekam ihre erste reguläre akademische Anstellung 1960 im Alter von dreiundfünfzig Jahren – neun Jahre, nachdem sie ihre nobelpreisträchtige Arbeit verfaßt hatte. Auch Dorothy Hodgkin paßt in das Raster spät berufener Hochschulprofessoren: Sie, die ihre nobelpreisgekrönte Arbeit 1955 abschloß und 1964 dafür geehrt wurde, bekam erst 1960 als Fünfzigjährige eine Forschungsprofessur und damit wenigstens einen Professorentitel. Rita Levi-Montalcini, deren preiswürdige Arbeit von 1951 stammte, aber erst 1986 ausgezeichnet wurde, hat ihre erste ordentliche Professur 1958 als Neunundvierzigjährige erhalten. Christiane Nüsslein-Volhard, die deutsche Medizin-Nobelpreisträgerin von 1995, hat 1985 mit 42 Jahren bei der Max-Planck-Gesellschaft ihre erste feste Stelle bekommen.

Barbara McClintock, die Medizin-Nobelpreisträgerin von 1983, die 1951 schon ihre berühmten „jumping genes" entdeckte, muß mit anderen Maßstäben gemessen werden: Sie, der eine übliche akademische Karriere stets widerstrebte, fand als Vierzigjährige ihre entsprechende ökologische Nische in der Forschungslandschaft – eine Anstellung als Forschungsmitglied der Carnegie-Foundation in Cold Spring Harbor.

Auch Marie Curie und Irène Joliot-Curie gehören nicht zu den spät Berufenen. Allerdings leisteten ihrer Karriere familiäre Gründe Vorschub: Marie Curie erhielt als Neununddreißigjährige den Lehrstuhl ihres verstorbenen Mannes an der Sorbonne, und sie selbst machte später ihre fünfunddreißigjährige Tochter zur Nachfolgerin in ihrem Pariser Radium-Institut.

Späte akademische Karrieren sind für Frauen doppelt hinderlich: Sie verstärken zusätzlich den Einfluß des sogenannten „Matthäus-Effektes", dem weibliche Wissenschaftler sowieso häufiger zum Opfer fallen als ihre männlichen Kollegen. Der amerikanische Wissenschaftstheoretiker Robert K. Merton hat den Einfluß dieses Effektes überzeugend dargetan – nach dem Worte des Evangelisten „Dem, der hat, dem wird gegeben". Danach finden Forscher, die bereits einen Namen haben, für ihre Arbeit größere Aufmerksamkeit als Neulinge in der Fachwelt. Sie werden auch häufiger zitiert und nominiert als weniger bekannte Forscher in weniger bekannten Institutionen. Letzteres aber ist eine Situation, in der vor allem Frauen anzutreffen sind. Überwiegend in zweitrangigen Institutionen beschäftigt, haben sie kaum eine Chance, jemals in den inneren Kreis der Experten vorzustoßen, sozusagen Mitglied im wissenschaftlichen Klub der „Alten Herren" zu werden. Das aber scheint nötig, um für einen Nobelpreis ins Gespräch zu kommen.

Denn ohne Proporzdenken und ohne den Einfluß guter Freunde geht es auch bei der Verleihung der Nobelpreise nicht ab, wenn alljährlich die dreitausend internationalen Experten den Nobelkomitees Kandidaten für ihre Sparte vorschlagen.

Wie wichtig die einflußreichen guten Freunde bei der Nobelpreis-Vergabe sind, haben beispielsweise Solomon Berson und Rosalyn Yalow erfahren: Zu Beginn der siebziger Jahre – ein Jahrzehnt nach der Entdeckung des Radioimmunoassay – standen die beiden Forscher ganz oben auf der Liste derer, von denen man meinte, daß sie unbedingt bald einen Medizin-Nobelpreis bekommen müßten. Sie bekamen ihn zu diesem Zeitpunkt nicht, und Berson starb, bevor Rosalyn Yalow fünf Jahre nach seinem Tod endlich 1977 den Preis erhielt.

Dazu Rosalyn Yalow: „Es ist viel leichter, nominiert zu werden, wenn man einer Institution angehört, die bereits einen Laureaten hat ... Am Veterans Administration Hospital waren wir irgendwo isoliert von den Positionen der Macht in der amerikanischen Medizin."[2]

Auch wenn Rosalyn Yalow letztlich doch einen Medizin-Nobelpreis bekam und das noch dazu ohne ihren langjährigen männlichen Forschungspartner, – so herrscht bei den Kritikern die Meinung vor, daß der Preis früher gekommen wäre, wenn Berson der Überlebende gewesen wäre.[3] Denn die sichere Verankerung und soziale Anerkennung in der Gemeinschaft der Wissenschaftler ist noch immer eine der Schwachstellen für weibliche Forscher, an denen sie selbst kaum rütteln können.

Einen fast tragischen Beweis dafür lieferte Barbara McClintock, die Medizin-Nobelpreisträgerin von 1983, die in Fachkreisen lange als exzentrisch und monoman galt: Sie arbeitete viele Jahre lang fast völlig isoliert und praktisch ohne Kollegenkontakte an ihrem neuen, für die damalige Zeit sehr ungewöhnlichen System beweglicher genetischer Elemente. Sie erwarb dabei Kenntnisse über den Mais, die äußerst intim und gründlich, zugleich aber auch sehr speziell und fern vom gängigen Vokabular waren. Als sie ihre Forschungsergebnisse auf Fach-Symposien vortrug, verstanden die Kollegen nicht, was sie wollte, und nahmen keine Notiz davon. Barbara McClintock mußte lange auf Anerkennung warten. Erst zwanzig Jahre später kam mit dem Einsatz molekularbiologischer Techniken und anderer neuer Entdeckungen ihr wissenschaftlicher Durchbruch, der nach weiteren zehn Jahren zum Nobelpreis führte.

Anders die Erfahrungen von Dorothy Hodgkin-Crowfoot, der Chemie-Nobelpreisträgerin von 1964. Sie kam schon während ihres Studiums in Oxford mit dem exzellenten Molekularbiologen John Desmond Bernal in Kontakt, der bald darauf eine Abteilung des berühmten Cavendish-Laboratoriums in Cambridge übernahm. In den beiden Jahren bei Bernal entstanden Dorothy Hodgkins erste wichtige Arbeiten zur Röntgenbeugung an biologisch bedeutsamen Molekülen. In Bernals Institut waren zur gleichen Zeit mit Dorothy Hodgkin eine Reihe von jungen Männern als Forschungsstudenten tätig, die in der Folge ebenfalls berühmt wurden, so z.B. der Chemie-Nobelpreisträger 1962 Max Perutz. Frau Hodgkin ging zurück nach Oxford, um dort selbständig zu arbeiten, aber sie ließ den Kontakt zu Bernal nie abreißen. Er war es, der sie als erster für „nobelpreisverdächtig" erklärte, als sie während des 2. Weltkriegs intensiv an der Aufklärung des Penicillins arbeitete.

Ähnlich erging es Rita Levi-Montalcini, der Medizin-Nobelpreisträgerin 1986. Als sie in den dreißiger Jahren in Turin studierte, bildete sich unter ihrem damaligen Professor und Namensvetter Guiseppe Levi eine kleine Gruppe brillanter Studenten, darunter auch die späteren Nobelpreisträger Salvadore Luria und Renato Dulbecco, die 1969 bzw. 1975 einen Medizin-Nobelpreis bekamen. Das scheint die These zu bestätigen, daß ein Nobelpreisträger selten allein kommt, vielmehr meist aus einem ganzen „Nest" begabter Naturwissenschaftler stammt.

Die amerikanische Wissenschaftssoziologin Harriet Zuckerman hat denn auch aufgezeigt, daß zumindest die meisten amerikanischen Nobelpreisträger bei früheren Nobelpreisträgern in die Lehre gegangen sind und daß viele Nobelpreisträger mehr als einem weiteren Laureaten auf den Weg geholfen haben.[4]

Beispiele dafür finden sich auch im außeramerikanischen Bereich: So wurden Irène Joliot-Curie und Fréderic Joliot von Marie Curie ausgebildet. Maria Göppert-Mayer war Doktorandin von Max Born, dem Physik-Nobelpreisträger 1954. Aber nicht nur das: Zu ihrer Göttinger Doktorkommission gehörten auch James Franck, Physik-Nobelpreisträger von 1925, und Alfred Windaus, Chemie-Nobelpreisträger von 1927. Selbst in den USA säumten Nobel-Laureaten den beruflichen Weg von Maria Göppert-Mayer. So arbeitete sie unter Harold Urey, dem Chemie-Nobelpreisträger von 1934, und mit Enrico Fermi, dem Physik-Nobelpreisträger von 1938.

Harriet Zuckerman vermutet, daß die dem Nobelpreis eigenen Prozeduren von Nominierung und Wahl den wissenschaftlichen Nachwuchs von Nobelpreisträgern schon deshalb begünstigen, weil Nobelpreisträger aufgrund ihres permanenten Vorschlagsrechts und ihrer intimen Kenntnis des Verfahrens geschickte Anwälte für ihre eigenen Lehrlinge sind.[5] Diese Lehrlinge sind allerdings auch gut auf die ihnen zugedachte Rolle vorbereitet: Nobel-Preisträger gelten nicht nur als Elite-Forscher, sondern in der Regel auch als Elite-Lehrer, die ihre Schüler bewußt auswählen, formen und ausbilden, indem sie in ihnen die Fähigkeiten und Fertigkeiten für Höchstleistungen in der Wissenschaft wecken.[6]

Nobelpreisträgerin – ein bestimmter Typus Frau?

Höchstleistungen in der Wissenschaft haben nach Meinung der Experten bisher offenbar nur zehn Frauen erbracht und damit die wissenschaftsimmanenten Voraussetzungen erfüllt, die an einen Nobelpreis geknüpft sind. Lediglich zehn Frauen waren bekannt und anerkannt genug, um nicht bloß diskutiert und nominiert, sondern auch ausgewählt zu werden. Daß es zu diesen persönlichen Erfolgen kam, lag vermutlich nicht zuletzt an den Sozialisationsvorteilen, die diese zehn Frauen in ähnlicher Weise zu einer Karriere in einer Männerdomäne wie den Naturwissenschaften befähigten.

Auch die scheinbar natürlichsten aller beruflichen Determinanten des Naturwissenschaftlers, die Intelligenz und der Drang zum Forschen, müssen letztlich erst entwickelt werden, um zum Tragen zu kommen. Wo Eltern und Lehrer nur betont weibliche Leistungserwartungen an Schülerinnen haben, fehlen dazu Mut, Interesse und Ausdauer. Mathematik, Physik und Chemie bleiben geschlechtsfremde Territorien, die mit der eigenen Person kaum in Einklang zu bringen sind.

Die Ausgangslage der zehn Nobel-Frauen und der vier weiteren, die im Zusammenhang mit einem Preis mehr oder weniger zurecht ins Gespräch gekommen sind, unterschied sich vorteilhaft von dieser Situation: Alle kamen aus akademischem Mittelklasse-Milieu, die Väter waren Lehrer, Ärzte, Anwälte oder Professoren, und oft waren auch die Mütter gebildete Frauen. Ausnahmslos legten die Eltern auch bei ihren Töchtern Wert auf breitgefächertes, geschlechtsneutrales Lernen an guten Schulen. Wo solche fehlten, ließen sie die Mädchen nach ihren Vorstellungen zu Hause unterrichten. Zugleich waren sie bereit, Neigungen, Interessen und Vorlieben aller Art zu fördern und zu unterstützen.

Vor allem die Väter waren ständig präsent mit ihrer besonderen Zuneigung zu eben dieser Tochter, aber auch mit intellektuellen Angeboten und meist mit ebenso deutlicher Erwartungshaltung. So ist z. B. von Maria Göppert-Mayer bekannt, daß sie der ausgesprochene Liebling ihres Vaters war. Auch Irène Joliot-Curie war offenbar eine typische „fille à Papa", bevor ihr Großvater endgültig ihre Erziehung übernahm. Ihre Mutter, Marie Curie, schrieb dazu: „Unsere ältere Tochter wurde, als sie allmählich heranwuchs, immer mehr eine kleine Gefährtin für ihren Vater, der sich sehr für ihre Erziehung interessierte und in freien Stunden, vor allem in den Ferien, gerne mit ihr spazierenging. Er führte ganz ernste Gespräche mit ihr, beantwortete alle ihre Fragen und freute sich über die fortschreitende Entwicklung des jungen Geistes."[1]

Die Mütter der späteren Nobelpreisträgerinnen scheinen das Gegenteil überprotektionistischer Glucken. Sie waren vielmehr liberale, weitblickende Frauen, unorthodox in ihrem Verhalten, im Denken meist ihrer Zeit weit voraus und nach Kräften mit eigenen Interessen beschäftigt. Sie ließen früh die Zügel los, sei es, weil sie krank waren (wie Marie Curies Mutter, die an Tuberkulose litt), weil sie ihre Ehemänner zu Aufenthalten ins Ausland begleiteten (wie Dorothy Hodgkins Mutter) oder weil sie selbst sehr eingespannt waren (wie Marie Curie als Hochschulprofessorin und Laboratoriumschefin oder auch Barbara McClintocks Mutter mit ihrer großen Kinderschar und ihren ständigen Finanznöten). Auf diese Weise zeigten die Mütter ihren Töchtern früh den Weg zur Selbstbestimmung und befähigten sie, ihr Glück – wenn nötig – unabhängig von der Meinung anderer Leute und gegebenenfalls auch in einem fremden Land zu suchen. Vier der späteren Nobelpreisträgerinnen taten das: Marie Curie emigrierte nach Frankreich, Gerty Theresa Cori, Maria Göppert-Mayer und Rita Levi-Montalcini gingen in die Vereinigten Staaten.

Durchsetzungsfähigkeit, Wettbewerb und Konkurrenz lernten einige der Nobeldamen schon früh in der Ursprungsfamilie: Christiane Nüsslein-Volhard ist zusammen mit drei Schwestern und einem Bruder aufgewachsen. Marie Curie, Dorothy Hodgkin, Barbara McClintock und Rita Levi-Montalcini hatten jeweils noch drei Geschwister. Gerty Cori hatte zwei Schwestern, Gertrude Elion einen jüngeren Bruder, Rosalyn Yalow einen älteren und Irène Joliot-Curie eine kleine Schwester.

Keine der Nobel-Frauen scheint denn auch ein typisches kleines Mädchen geworden zu sein: Mit Koketterie oder gar gespielter Hilflosigkeit um die Gunst des anderen Geschlechts zu werben, war allen von Kindesbeinen an ein Greuel. Kaum eine von ihnen scheint je dauerhaft sonderlich viel Wert auf die äußeren Attribute weiblicher Schönheit gelegt zu haben, auch wenn nicht alle so spartanisch lebten wie Marie Curie in der ersten Hälfte ihres Lebens oder wie Barbara McClintock, die es von Jugend an ablehnte, das zu tun, was sie „den Torso dekorieren" nannte.

Sportlich waren fast alle Nobelpreisträgerinnen. Von Marie Curie wird berichtet, daß sie noch in hohem Alter begeistert schwamm. Irène Joliot-Curie und Gerty Cori liefen viel und gern Ski und kletterten im Gebirge. Barbara McClintock spielte ausgezeichnet Tennis.

Nicht zuletzt ihr meistenteils betont unauffälliges, eher sportliches äußeres Erscheinungsbild, das letztlich die Frau in ihnen vergessen machte, half ohne Zweifel den Elite-Wissenschaftlerinnen, sich auch im „Klub der Alten Herren" durchzusetzen. Ein jedes „Zuviel an Femininität" schadete dem Ruf als Wissenschaftlerin, wie z.B. die junge Gertrude Elion bei ihrem Einstellungsgespräch bei „Wellcome Research" um ein Haar erfahren hätte. Geschlechtsneutrales Äußeres dagegen erlaubte Verhaltensweisen, die man Frauen sonst nie verziehen hätte – beispielsweise den Mut zu riskanten Themen und wissenschaftlichen Alleingängen, den Biß beim Durchsetzen von Prioritäten, den Widerstand gegenüber niederen „Service"-Arbeiten in der Wissenschaft, die Wahl von Freunden und Ehemännern vor allem als Verlängerung der wissenschaftlichen Arbeit sowie der Verzicht auf sonstige Aktivitäten und Kontakte. Denn Maxime auch des weiblichen Forscherlebens ist, wie Gerty Cori es einst formuliert hat, „die Liebe zur Arbeit und die Hingabe daran".[2]

Marie Curie hat beschrieben, wie das Leben einer engagierten Wissenschaftlerin aussieht. Offenbar bleibt darin kaum mehr Zeit für anderes, und das wird nicht einmal als Einbuße, sondern als großes Glück erfahren. Das Ganze liest sich wie ein Idyll: „Wir waren in dieser Zeit ganz in Anspruch genommen durch das neue Forschungsgebiet, das sich dank einer so unerwarteten Entdeckung vor uns öffnete. Trotz der Schwierigkeiten unserer Arbeitsbedingungen waren wir sehr glücklich. Unsere Tage verbrachten wir im Laboratorium, und es kam vor, daß wir auch dort mitten in der Arbeit unser einfaches Mahl einnahmen. In unserem so armseligen Schuppen herrschte eine tiefe Stille; manchmal, wenn wir einen Vorgang überwachen mußten, gingen wir dabei auf und ab und sprachen von gegenwärtiger und künftiger Arbeit; wenn uns kalt war, wärmte uns eine Tasse heißen Tees, den wir beim Ofen tranken. Wir lebten in demselben Gedankenkreise wie in einem Traum befangen."[3]

Noch ein Jahr vor ihrem Tod, als immerhin Sechsundsechzigjährige, verteidigte Marie Curie mit der gleichen Begeisterung ihre Liebe zur Wissenschaft: „Ich gehöre zu denen, die die besondere Schönheit des wissenschaftlichen Forschens erfaßt haben. Ein Gelehrter in seinem Laboratorium ist nicht nur ein Techniker; er steht auch vor den Naturvorgängen wie ein Kind vor der Märchenwelt ... Ich glaube ... nicht an die Gefahr, daß der Geist des Abenteuers aus unserer Welt verschwindet. Wenn von allem, was ich um mich wahrnehme, irgend etwas lebenskräftig ist, so ist es eben dieser Geist des Abenteuers, der unausrottbar scheint und sich mit Neugier verbindet ..."[4]

Das Forscherleben wird dabei von den betreffenden Frauen kaum als eine nur ernste Sache empfunden. Auffallend ist vielmehr, wie oft die Worte „Vergnügen" und „Spaß" im Zusammenhang mit der wissenschaftlichen Arbeit und dem eigenen Fachgebiet auftauchen. Maria Göppert-Mayer zum Beispiel betonte immer wieder, daß sie sich – auch ohne feste Anstellung – freiwillig und unentgeltlich immer wieder mit der Physik beschäftigte, „einfach weil es Spaß machte",[5] und Barbara McClintock stellte voller Erstaunen fest, es sei „eigentlich unfair, eine Person (mit dem Nobelpreis) dafür zu belohnen, daß sie all die Jahre über so viel Spaß hatte, die Maispflanze zu bitten, bestimmte Probleme zu lesen und dann ihre Antwort zu beobachten."[6] Selbst Jocelyn Bell Burnell, die sich immerhin um einen Nobelpreis geprellt fühlen könnte, spricht davon, daß sie im Zusammenhang mit der Entdeckung der Pulsare schon „mehr Spannung und Glück erlebt habe, als einem fürs ganze Leben zusteht."[7] Auch für Rosalind Franklin, die gleichfalls im Wissenschaftsbetrieb einiges an Enttäuschungen einstecken mußte, war die Forschung selbst offenbar das pure Vergnügen. Von ihr wird die Geschichte erzählt, daß sie bei der Formulierung eines Antrags auf Forschungsmittel einem Mitarbeiter mit leuchtenden Augen erklärte: „Auf keinen Fall dürfen wir ihnen sagen, daß es soviel Spaß macht!"[8]

Erfolgsgeheimnis der Nobelpreisträgerinnen scheint nicht zuletzt, daß sie in der Lage waren, zum richtigen Zeitpunkt die richtigen beruflichen und privaten Entscheidungen zu treffen. Exemplarisch scheint hier Rosalyn Yalow, wenn sie von sich behauptet: „Die Leute werden böse, wenn ich sage, daß ich immer Glück hatte, aber daß ich auch in jedem Lebensabschnitt die richtige Entscheidung getroffen habe."[9] Die Entscheidung, einen Ehemann zu wählen, der ihre beruflichen Pläne billigte, war eine. Die Wahl der Nuklear-Medizin als Arbeitsgebiet war eine andere gute Wahl. „In der Physik war ich nur eine in einer großen Gruppe, aber hier waren meine Talente sehr viel mehr erforderlich." Sol Berson war die dritte Entscheidung. „Ich mußte mit jemandem arbeiten, der die Medizin kannte, und als die Wahl zu treffen war zwischen einem etablierten Mediziner und dem absolut unbekannten Sol, der eben erst seine Facharztausbildung beendet hatte, traf ich genau die richtige Wahl, ohne daß es die typische gewesen wäre."

Fast alle zehn Nobel-Frauen – abgesehen vielleicht von Barbara McClintock, der das ja auch Probleme brachte – arbeiteten nicht allein und im luftleeren Raum, sondern meist lange Zeit in engem Kontakt mit wissenschaftlichen Mentoren und Kollegen – so Dorothy Hodgkin mit John Desmond Bernal, Maria Göppert-Mayer mit Joseph Mayer und Enrico Fermi, Rosalyn Yalow mit Sol Berson, Rita Levi-Montalcini mit Victor Hamburger und Stanley Cohen, Gertrude Elion mit George Hitchings, Christiane Nüsslein-Volhard mit Eric Wieschaus. Die engste wissenschaftliche Kooperation findet sich bei den berühmten

Nobelpreisträger-Paaren Marie Curie und Pierre Curie, Irène Joliot-Curie und Frédéric Joliot sowie Gerty Cori und Carl Cori.

Die Coris waren dabei wohl am längsten und intensivsten und gegen alle akademischen Widerstände auch wissenschaftlich verbunden – insgesamt dreiundvierzig Jahre lang. Von Carl Cori allerdings wissen wir, daß eine solche wissenschaftliche und zugleich private Symbiose großen Belastungsproben unterworfen ist, die hohe Anforderungen an den Charakter der beiden Beteiligten stellt. Wegen der Nepotismus-Regeln an amerikanischen Universitäten nahm Carl Cori u.a. beträchtliche akademische Widerstände gegenüber der eigenen Karriere in Kauf, um mit seiner Frau zusammenarbeiten zu können.

Zur rechten Zeit das richtige Thema, den richtigen Mitarbeiter und wenn schon einen Ehemann, dann nur einen, der Verständnis hat für die wissenschaftlichen Ambitionen seiner Frau – das gilt für alle Nobelpreisträgerinnen. So erstaunt es nicht, daß nur drei der zehn Nobelfrauen unverheiratet blieben. Eine davon war Barbara McClintock, die offenbar ihr ganzes Leben lang nie ein emotionales Bedürfnis nach Männern verspürt hat und von sich sagte, daß sie Heirat nie verstehen konnte und nie die Erfahrung machte, sie zu brauchen.[10] Anders Gertrude Elion, deren Verlobter vor der Hochzeit starb. Auch Rita Levi-Montalcini hat nicht geheiratet. Ihr widerstrebte das überkommene Rollenklischee. Prinzipiell allerdings meint sie heute, daß sich intensives persönliches Engagement in der Wissenschaft und familiäre Verantwortung durchaus vereinbaren lassen – unter der Voraussetzung, daß man den richtigen Partner wählt. Wer an den falschen gerät, muß sich wieder von ihm trennen, wie es Christiane Nüsslein-Volhard getan hat.

Marie Curie, Irène Joliot-Curie, Gerty Cori, Maria Göppert-Mayer, Dorothy Hodgkin und Rosalyn Yalow bewiesen mehr Glück. Als Berufsfrauen hatten sie naturgemäß kein besonderes Faible für den in der Vergangenheit noch häufigeren, klassischen Macho-Typ, der die Frau als schmückendes Beiwerk oder Mutterersatz benötigt. Sie heirateten vielmehr alle Studienkollegen – wenn auch nicht immer aus dem gleichen Fach –, Männer von durchweg liberaler Wesensart, denen das wissenschaftliche und berufliche Engagement ihrer Ehefrau nicht erst abgerungen werden mußte, sondern die es im Gegenteil nach Kräften förderten und unterstützten.

So brauchten die Wissenschaftlerinnen auch Familienpflichten nicht zu scheuen. Alle sechs verheirateten Nobelpreisträgerinnen zogen denn auch Kinder groß, die meisten zwei, Frau Hodgkin sogar drei. Dorothy Hodgkin als dreifache Mutter meint im Nachhinein aus ihrer Erfahrung heraus, daß ein solches Leben für eine Frau durchaus zu schaffen ist. Auch Maria Göppert-Mayer und Rosalyn Yalow, beides Mütter von jeweils zwei Kindern, teilten diese Meinung.

Allerdings müssen Frauen, die Wissenschaftlerin und zugleich Familienmutter sind, mehr noch als vielleicht andere Berufsfrauen an zwei Fronten zugleich kämpfen – der männlichen und der weiblichen. Zuweilen scheint das die Kreativität durchaus zu erhöhen. Der britische Physiker Brian Easlea jedenfalls behauptet: „Sie (Marie Curie) soll nie kreativer gewesen sein als in der Zeit, in der sie schwanger war oder ihre Kinder stillte." Er bezieht sich dabei u. a. auf den Wissenschaftler A. S. Russell, der 1935 in seinem Marie-Curie-Gedächtnis-Vortrag erklärte, Frau Curies schöpferische Phase habe von 1896 bis 1903 gedauert.[12] Tatsächlich gebar Marie Curie 1897 ihre Tochter Irène, 1904 ihre Tochter Eve, 1903 hatte sie eine Fehlgeburt. Marie Curies Biograph Robert Reid vermerkt: „Marie Curie gelang die Bewältigung der schwierigsten Perioden ihres Lebens, die zugleich die weitaus kreativsten waren, immer dann, wenn sie schwanger war oder einen Säugling hatte."[13]

Auch für Marie Curies Tochter Irène Joliot-Curie macht Easlea eine ähnliche Rechnung der zeitlichen Koinzidenz von Schwangerschaft und wissenschaftlicher Kreativität auf: „Am 28. Dezember 1931, knapp drei Monate nach der Geburt ihres zweiten Kindes, hatte Irène Joliot-Curie die Pariser Akademie der Wissenschaften über die Entdeckung von außerordentlich durchdringenden Strahlen informiert, die Ähnlichkeit mit der Röntgenstrahlung aufweisen. Drei Wochen später legte sie in einem gemeinsam mit ihrem Mann verfaßten Artikel eine weitere Beschreibung dieser Strahlen vor."[14]

Gerty Cori, über die Easlea nichts schreibt, könnte ebenfalls zum Beweis seiner These herhalten – hatte doch auch sie offenbar ihre wissenschaftlich schöpferischste Phase, die ihr 1947 den Medizin-Nobelpreis einbrachte, im Sommer 1936 kurz vor der Geburt ihres einzigen Sohnes. Ihr Mann Carl Cori erzählte dazu: „Im August 1936, einem der angeblich heißesten Sommer, die es je in St. Louis gab, wurde unser Sohn Thomas geboren. ‚Air Conditioning' gab es damals noch nicht. Protokolle, die ich kürzlich las, sprechen von einer Temperatur im Laboratorium von 37° über mehrere Wochen. Wir brauchten deshalb nicht einmal Wasserbäder, um die Enzym-Test-Lösungen zu entwickeln. Gerty Cori arbeitete bis zum letzten Augenblick, bevor sie in die Entbindungsklinik ging. Es war die Zeit, in der wir Glukose I-Phosphate fanden."[15]

Auch bei Rosalyn Yalow sind die Jahre intensiver Kinderbetreuung und erfolgreicher Arbeit im Labor nahezu identisch: Sie bekam 1952 ihren Sohn Benjamin, zwei Jahre später die Tochter Elanna. 1953 begann sie die erfolgsträchtige Zusammenarbeit mit Solomon Berson, die 1959 die Ära des Radioimmunoassays einläutete und achtzehn Jahre später mit dem Nobelpreis honoriert wurde. Auch Rosalyn Yalow ließ sich durchs Kinderkriegen nicht von ihrer Arbeit ablenken und kehrte nach kürzestmöglicher Frist aus dem Wochenbett an den Labortisch zurück.

Die überbesetzte Doppelrolle von Wissenschaftlerberuf und Familienmutter ließ bei allen Nobel-Frauen anderweitige Kontakte und Interessen allerdings erst wieder zu, als die Kinder groß und der Zenith der wissenschaftlichen Kreativität überschritten war. Das zeigen die Biographien etwa von Marie Curie, Irène Joliot-Curie und Dorothy Hodgkin, in denen beispielsweise wissenschaftspolitisches und kulturelles Engagement und die Arbeit in politischen Friedensbewegungen erst zu einem späteren Zeitpunkt eine Rolle zu spielen beginnen. Nobelpreisträgerinnen, die relativ früh starben und noch mitten im wissenschaftlichen Schaffen standen wie z.B. Gerty Cori, hatten zu Aktivitäten außerhalb der Forschung noch keine Zeit.

Auffallend scheint die Distanz der meisten Nobelpreisträgerinnen gegenüber Frauenfragen. Alle scheinen für sich selbst akzeptiert zu haben, daß sie Gleichheit nur erreichen konnten, wenn sie selbst die Bedingungen schufen, unter denen sie mit den Männern im Wettbewerb mithalten konnten. Dazu gehörte, daß sie selbst von Vorurteilen frei waren und für ihre eigene Person keine Konzessionen und auch keinerlei weibliches Vorbild erwarteten. Alle gingen an die Probleme ihres Berufs heran, als gebe es zwischen ihnen und den anderen keinen Unterschied. Die anderen waren nur zufällig Männer.

Alle Nobel-Frauen, selbst die ganz frühen, repräsentieren in diesem Sinne durchaus den Typ der modernen Karrierefrau, die Selbstvertrauen genug hat, um ohne frauenspezifischen, emanzipatorischen Anspruch auftreten zu können. Ihr Verhalten hatte dabei vor allem mit ihrer Herkunft und Erziehung, ihren privilegierten Startbedingungen und ihrem Selbstverständnis zu tun. Der Mangel an Empfindsamkeit für geschlechtsspezifische Diskriminierungen half den späteren Nobelpreisträgerinnen bei ihren Karrieren ohne Zweifel sehr. Es wurden dadurch Energien gespart und Konfrontationen vermieden.

Keine der zehn Nobelpreisträgerinnen hat je versucht, wissenschaftliche Arbeit und Kreativität mit weiblichem Lebenszusammenhang zu verknüpfen. Keine hat je beklagt, daß sie sich in ihrem Fach fremd vorkäme, weil sie in ihrem Beruf fast ausschließlich von Männern umgeben sei. Nirgendwo findet sich ein Wort, daß sie in der Wissenschaft Werte verkörpert gesehen hätte, die ihrer weiblichen Sozialisation widersprachen. Bei keiner Gelegenheit stellte auch nur eine von den zehn Nobel-Frauen die heute so wichtig erscheinende Frage, ob nicht in der naturwissenschaftlichen Forschung die männliche Sichtweise allzu sehr dominiere und durch eine weibliche Perspektive erweitert werden müsse.

Vielleicht war eben diese Betonung des Unpersönlichen in der Forschung, das Hintanstellen privater Wünsche, Ziele und Glaubenshaltungen das Geheimnis des überragenden wissenschaftlichen Erfolgs der bislang zehn weiblichen Nobelpreisträger in den Naturwissenschaften.

Wer ist die Nächste?

Reizvoll scheint zum Schluß die – allerdings nur äußerst vorsichtige – Spekulation, wer der zwölfte weibliche Nobelpreisträger sein könnte. Die zehn bisherigen Nobel-Frauen in den Naturwissenschaften – Marie Curie war ja zweifache Preisträgerin – sind eine zu bescheidene Grundgesamtheit, um irgendwelche statistischen Aussagen zu erlauben. Immerhin lassen sich einige biographische Gemeinsamkeiten extrapolieren, die vielleicht eine Art Phantombild abgeben.

Danach wäre der nächste weibliche Nobelpreis in den Naturwissenschaften durchaus zu Beginn des dritten Jahrtausends zu erwarten, nachdem die Intervalle der Vergabe an Frauen in der letzten Dekade immer kürzer wurden und seit 1977 immerhin fünf Preise an Wissenschaftlerinnen gelangten, die von 1986 und 1988 sogar im Abstand von nur zwei Jahren.

Vermutlich wird auch der kommende Preis wie die fünf vorangegangenen neuerlich an eine Medizinerin fallen, vielleicht wiederum – wie bereits fünfmal zuvor – an eine Amerikanerin oder doch zumindest an eine in den Vereinigten Staaten forschende Wissenschaftlerin. Denn seit dem Zweiten Weltkrieg sind die meisten Wissenschaftspreise, besonders die medizinischen, an die USA gegangen: Von den etwa fünfzig Medizin-Nobelpreisträgern der letzten zwanzig Jahre waren mehr als die Hälfte Amerikaner, und auch 2000 teilten sich zwei Amerikaner mit einem Schweden den Medizin-Nobelpreis. Frauen sind – wenn überhaupt – gerade in der Medizin gut vertreten.

Die neue Preisträgerin wird wie viele Vorgängerinnen vielleicht Jüdin sein und aus dem akademischen Mittelklasse-Milieu stammen, wo auch an die Töchter intellektuelle Erwartungen gestellt werden. Allerdings wird sie auch wissenschaftlich längst den Kinderschuhen, sprich: einem Lehrer-Schüler-Verhältnis entwachsen sein. Sie wird beharrlich ihren Weg gemacht und nicht nur eine exzeptionelle wissenschaftliche Leistung erbracht haben, sondern sich durch anerkannte Publikationen und durch die einschlägigen Vorstufen zum Nobelpreis empfohlen haben – etwa durch den Rosenstiel-Preis, den Horwitz-Preis oder den Lasker-Preis, die auch die übrigen amerikanischen Medizin-Nobelpreisträgerinnen erhielten, bevor sie in Stockholm geehrt wurden.

Auch die nächste Nobelpreisträgerin wird nicht mehr ganz jung sein – vermutlich Anfang bis Mitte fünfzig –, ohne daß sie deshalb akademisch zu den „spät Berufenen" gehören muß. Sie wird aller Wahrscheinlichkeit nach einen Ehemann haben, der gleichfalls Wissenschafter ist, ohne ihr allerdings den Weg geebnet zu haben. Ihre Kinder werden schon erwachsen sein.

Die zwölfte wissenschaftliche Nobelpreisträgerin wird ihren Preis vermutlich wie die meisten ihrer Vorgängerinnen mit einem oder zwei männlichen Kollegen teilen müssen, weil die Praxis der Vergabe immer mehr zur Stückelung neigt. Im übrigen wird selbst ein zwölfter weiblicher Nobelpreis diese Wissenschaftstrophäe nicht von der Aura der extremen Besonderheit für Frauen befreien. Nobelpreise, besonders die naturwissenschaftlichen, bleiben nach wie vor in erster Linie Männersache, solange auch das Studium der Naturwissenschaften eine vorwiegend männliche Angelegenheit ist.

Ein amüsantes Aperçu scheint es immerhin, daß es eine Frau war, die die alljährliche Vergabe eines vierten naturwissenschaftlichen Nobelpreises – eines Preises für Mathematik – wohl auf ewig verhindert und damit ihre Geschlechtsgenossinnen sozusagen im Vorhinein für später erlittene Unbill gerächt hat: Die ebenso kluge wie attraktive russische Mathematikerin Sofya Kovalevskaya – berühmt unter anderem, weil sie als erste Frau in Europa einen Lehrstuhl für Mathematik und zwar in Stockholm erhielt – hatte kurz nach ihrer Ankunft in Schweden eine heftige Liaison mit Alfred Nobel, bevor sie ihn wegen Professor Magnus Gustaf Mittag-Leffler, dem damaligen Dekan der Stockholmer Mathematischen Fakultät, verließ. Alfred

Nobel vergaß diesen Tort nie: Als er später sein Vermächtnis formulierte, erkundigte er sich eingehend bei seinen Beratern, ob Mittag-Leffler ein potentieller Nobel-Preisträger sei. Seine Berater konnten das nur bejahen. Daraufhin verzichtete Nobel auf die Aussetzung eines Mathematik-Preises.[1] Dabei ist es bis heute geblieben.

Anmerkungen

Die begehrteste Wissenschaftstrophäe

1 Vgl. Nobel Foundation Directory: „Nobel Foundation", Stockholm 1985; im übrigen hierzu und zum folgenden vgl. meine Hörfunk-Sendung „Nobelpreise – Zufall? Kontroverse um die Vergabe der begehrten Wissenschaftstrophäe", Deutschlandfunk 27. 9. 1977
2 Vgl. Folke Schimanski: „The Nobel Experience: The Decisionmakers", in: „New Scientist", Vol. 64, 30 October 1974, S. 10 ff.
3 Harriet Zuckerman: „Scientific Elite. Nobel Laureates in the United States", New York 1977, S. 11 ff.
4 Zuckerman, a. a. O., S. 13

Nobelpreise – nur Männersache?

1 Anne Sayre: „Rosalind Franklin and DNA", New York 1975
2 Desanka Trbuhović-Gjurić: „Im Schatten Albert Einsteins. Das tragische Leben der Mileva Einstein-Marić." Bern und Stuttgart 1983; inzwischen gibt es eine 4., vom Hrsg. erg. Aufl. 1988
3 Renate Nimtz-Köster: „Universitäten: Frech sein, fordern, drängen" in: „Der Spiegel", 2/2001, S. 150

Marie Curie

1 Vgl. die Biographie ihrer Tochter Eve Curie: „Madame Curie", Frankfurt am Main 1952, S. 169 f.
2 Eve Curie, a. a. O., S. 230
3 Vgl. hierzu und zum folgenden Ulla Fölsing: „Marie Curie. Wegbereiterin einer neuen Naturwissenschaft", München 1990; dieselbe: „Geniale Beziehungen. Berühmte Paare in der Wissenschaft", München 1999, S. 56 ff.; im übrigen Peter Ksoll und Fritz Vögtle: „Marie Curie", Reinbek bei Hamburg 1988; Susan Quinn: „Marie Curie. A Life." New York 1995; Robert Reid: „Marie Curie", Düsseldorf, Köln 1980; Olgierd Wolczek: „Maria Sklodowska-Curie", Leipzig 1971; auch Mme. Curie: „Pierre Curie", Wien 1950

Irène Joliot-Curie

1 Vgl. Eve Curie: „Madame Curie", Frankfurt am Main 1952, S. 219
2 Vgl. hierzu und zum folgenden Ulla Fölsing, „Geniale Beziehungen", a. a. O., S. 72 ff.; auch Francis Perrin: „Irène Joliot-Curie", in: „Diction-

ary of Scientific Biography", Vol. 7, New York 1981, S. 157–159; auch Robert Reid: „Marie Curie", Düsseldorf, Köln 1974, S. 134 ff.
3 Vgl. Reid, a. a. O., S. 136
4 Vgl. Eve Curie, a. a. O., S. 187
5 Vgl. Reid, a. a. O., S. 204 f.
6 Vgl. Perrin, a. a. O., S. 158
7 Vgl. Reid, a. a. O., S. 250
8 Vgl. Reid, a. a. O., S. 245
9 Vgl. „Le Quotidien", Paris, 30. 3. 1925
10 Vgl. Eve Curie, a. a. O., S. 286
11 Vgl. Reid, a. a. O., S. 266
12 Vgl. Perrin, a. a. O., S. 158
13 Vgl. Brian Easlea: „Väter der Vernichtung. Männlichkeit, Naturwissenschaftler und der nukleare Rüstungswettlauf", Reinbek bei Hamburg 1986, S. 83

Gerty Theresa Cori

1 Vgl. Severo Ochoa: „Gerty T. Cori, Biochemist", in: „Science", Vol. 128, 4 July 1958, S. 16 f.; auch Evarts A. Graham, Jr.: „Dr. Carl F. Cori, Professor of Biochemistry, Dr. Gerty T. Cori, Professor of Biochemistry" in: „St. Louis Post – Dispatch", June 17, 1948, S. 37–40
2 Vgl. hierzu und zum folgenden The Nobel Foundation: „Les Prix Nobel. The Nobel Prizes 1947", Stockholm 1948, S. 84–85. Auch John Parascandola: „Gerty Cori 1896–1957. Biochemist", in: „Radcliffe Quarterly", December 1980, S. 11–12; Ulla Fölsing: „Geniale Beziehungen", a. a. O. S. 83 ff.
3 Carl F. Cori: „The Call of Science", in: „Annuals of Biochemistry", Vol. 38/685, S. 1–20
4 Vgl. Cori, a. a. O., S. 8
5 Vgl. Cori, a. a. O., S. 11
6 Vgl. Cori, a. a. O., S. 11
7 Vgl. Graham, a. a. O., S. 37
8 Cori, a. a. O., S. 12
9 Vgl. Joseph S. Fruton: „Cori, Gerty Theresa Radnitz", in: „Dictionary of Scientific Biography", Vol. 3, New York 1980, S. 415 f.
10 Hermann M. Kalckar, in: „Science", Vol 128, 4 July 1958, S. 17
11 Cori, a. a. O., S. 18

Maria Göppert-Mayer

1 Die andere Hälfte des Physik-Nobelpreises 1963 erhielt der Amerikaner Eugene P. Wigner „für seine Beiträge zur Theorie des Atomkerns und der Elementarteilchen, besonders durch die Entdeckung und Anwendung fundamentaler Symmetrieprinzipien".

2 Vgl. „Göttinger Tageblatt": „Fast ein echtes Kind Göttingens ...", 9. 11. 1963
3 Vgl. The Nobel Foundation: „Les Prix Nobel. The Nobel Prizes 1963", Stockholm 1964, S. 98
4 Vgl. Maria Göppert-Mayer: „The Changing Status of Women as seen by a Scientist", Vortrag in Japan 1965, S. 3, bei University of California, San Diego, Central University Library, Mandeville Department of Special Collections
5 Vgl. Göppert-Mayer, a. a. O., S. 2
6 Vgl. The Nobel Foundation, a. a. O., S. 98
7 Vgl. The Nobel Foundation, a. a. O., S. 98
8 Vgl. Göppert-Mayer, a. a. O., S. 4
9 Vgl. The Nobel Foundation, a. a. O., S. 99
10 Vgl. The Nobel Foundation, a. a. O., S. 99
11 Vgl. The Nobel Foundation, a. a. O., S. 99
12 Vgl. Laura Fermi: „Atoms in the Family. My Life with Enrico Fermi", University of New Mexico Press, Albuquerque, Reprint, originally published by University of Chicago Press, Chicago 1954, S. 170
13 Vgl. Fermi, a. a. O., S. 171
14 Vgl. The University of California, San Diego, Central University Library, Mandeville Department of Special Collections: „Maria Göppert-Mayer Papers, Edward Teller Correspondence, ca. 1939–1971"
15 Vgl. Hans A. Bethe: „Nobel Award Winners Announced. Physics" in: „Science", Vol. 14, 15 November 1963, S. 938
16 Vgl. Göppert-Mayer, a. a. O., S. 5
17 Vgl. Göppert-Mayer, a. a. O., S. 5
18 Vgl. Göppert-Mayer, a. a. O., S. 5
19 Vgl. Göppert-Mayer, a. a. O., S. 6
20 Vgl. Göppert-Mayer, a. a. O., S. 6

Dorothy Hodgkin-Crowfoot

1–6 Eigene Tonbandaufzeichnungen vom 29. 6. 1983 anläßlich der 33. Tagung der Nobelpreisträger in Lindau am Bodensee, XI. Treffen der Chemiker, aus dem Englischen übersetzt; vgl. im übrigen hierzu und zum folgenden auch The Nobel Foundation: „Les Prix Nobel. The Nobel Prizes 1964", Stockholm 1965, S. 84–86
7–8 Dorothy Hodgkin: „Ein Leben in der Wissenschaft", Vortrag auf der 39. Tagung der Nobelpreisträger in Lindau am Bodensee, XIII. Treffen der Chemiker, 4. 7. 1989
9–12 Eigene Tonbandaufzeichnungen 1983, a. a. O.
13 Hodgkin: „Ein Leben in der Wissenschaft", a. a. O.
14 Dorothy Hodgkin: „Zum Nutzen der Welt zusammenarbeiten. Von Nobel bis Pugwash." in: Hans-Peter Dürr et al.: „Verantwortung für

den Frieden. Naturwissenschaftler gegen Atomrüstung.", Reinbek bei Hamburg, August 1983, S. 299
15–17 Eigene Tonbandaufzeichnungen 1983, a. a. O.

Rosalyn Yalow

1 Der „Radioimmunoassay" ist ein nuklearmedizinischer Test, für den sich auch im deutschen Sprachgebrauch die englische Bezeichnung eingebürgert hat.
2 Vgl. Graham Chedd: „Nobel Prizes 1977. Medicine." in: „New Scientist", 20 October 1977, S. 144 f.
3 Vgl. The Nobel Foundation: „Les Prix Nobel. The Nobel Prizes 1977", Stockholm 1978, S. 239
4 Diese akademischen Titel gibt es an deutschen Hochschulen nicht.
5 Vgl. hierzu und zum folgenden The Nobel Foundation, a. a. O., S. 237
6 Vgl. Elizabeth Stone: „A Mme. Curie from the Bronx", in: „New York Times Magazine", 9 April 1978, S. 1
7 Vgl. Stone, a. a. O., S. 1
8 Vgl. The Nobel Foundation, a. a. O., S. 237
9 Diese und die folgenden Zitate aus Stone, a. a. O., S. 2
10 Vgl. The Nobel Foundation, a. a. O., S. 240
11 Vgl. Joseph Meites: „The 1977 Nobel Prize in Physiology or Medicine", in: „Science", 11 November 1977, Vol. 198, S. 594
12 Vgl. Stone, a. a. O., S. 5
13 Vgl. hierzu und zum folgenden Stone, a. a. O., S. 4, S. 8
14 Vgl. Stone, a. a. O., S. 8 f.
15 Vgl. hierzu und zum folgenden Stone, a. a. O., S. 2 f.
16 Vgl. The Nobel Foundation, a. a. O., S. 48
17 Vgl. Stone, a. a. O., S. 3
18 Vgl. Stone, a. a. O., S. 7

Barbara McClintock

1 Evelyn Fox Keller: „A Feeling for the Organism. The Life and Work of Barbara McClintock", New York 1983, S. 50; inzwischen auch auf deutsch: Evelyn Fox Keller: „Barbara McClintock. Die Entdeckerin der springenden Gene." Aus dem Amerikanischen von Gerald Bosch, Basel, Boston, Berlin 1995
2 Vgl. Marcus Rhoades: „Barbara McClintock. An Appreciation." in: „Maydica" XXXI, 1986, S. 3; dazu auch Gunther S. Stent: „Paradoxes of Progress", San Francisco 1978, S. 95 ff.
3 Vgl. Horace Freeland Judson: „The Eigth Day of Creation. Makers of the Revolution in Biology", London 1979, S. 461
4 Judson, a. a. O., S. 461
5 Keller, a. a. O., S. 20

6 Keller, a.a.O., S. 22
7 Keller, a.a.O., S. 35
8 Keller, a.a.O., S. 26
9 Keller, a.a.O., S. 26f.
10 Keller, a.a.O., S. 31f.
11 Keller, a.a.O., S. 34
12 Keller, a.a.O., S. 17
13 Keller, a.a.O., S. 34; zum wissenschaftlichen Werdegang von Barbara McClintock vgl. auch The Nobel Foundation: „Les Prix Nobel. The Nobel Prize 1983", Stockholm 1984, S. 171–173
14 Keller, a.a.O., S. 37
15 Keller, a.a.O., S. 70
16 Keller, a.a.O., S. 36
17 Vgl. Marcus Rhoades: „The Early Years of Maize Genetics", in: „Ann. Rev. Genet.", 1984, S. 21
18 Keller, a.a.O., S. 50
19 Keller, a.a.O., S. 50
20 Keller, a.a.O., S. 100
21 Rhoades: „Barbara McClintock", a.a.O., S. 2
22 Keller, a.a.O., S. 108
23 Keller, a.a.O., S. 114
24 Dazu der Kölner Genetiker Prof. Dr. Peter Starlinger, der seit Mitte der sechziger Jahre selbst über die sog. „Transposition" arbeitet und Frau McClintock von seinem Aufenthalt als junger Forschungsstipendiat in Cold Spring Harbor persönlich kennt: „Ich bin selbst schon 1952 in Tübingen auf die Bedeutung von McClintocks Arbeiten hingewiesen worden und habe ihre klassische Arbeit von 1951 seither immer wieder studiert und mit meinen Studenten besprochen. Ich glaube, daß ich sie inzwischen verstehe, und sie ist für unsere Arbeit noch heute von großer Bedeutung. Ich muß aber auch sagen, daß sie nicht besonders leicht verständlich ist und daß ich mir daher gut vorstellen kann, daß sie keine großen Diskussionen hervorgerufen hat, als sie mündlich vorgetragen wurde." (in einem Brief vom 19.7.1989 an die Verfasserin)
25 Keller, a.a.O., S. 198
26 Keller, a.a.O., S. 198
27 Keller, a.a.O., S. 200
28 Keller, a.a.O., S. 165
29 Jeremy Cherfas und Steve Conor: „How restless DNA was tamed", in: „New Scientist", 13 October 1983, S. 79

Herzlich gedankt sei an dieser Stelle Herrn Prof. Dr. Peter Starlinger vom Institut für Genetik an der Universität Köln für seine freundliche Hilfe und die Durchsicht meines Manuskripts über Barbara McClintock.

Rita Levi-Montalcini

1 Nobelversammlung am Karolinischen Institut, Presse-Information 13.10.1986, S. 1; zur persönlichen und wissenschaftlichen Biographie von Rita Levi-Montalcini vgl. auch The Nobel Foundation: „Les Prix Nobel. The Nobel Prizes 1986", Stockholm 1987, S. 277–278
2 Eigene Tonbandaufzeichnung vom 8.12.1986 in Stockholm, aus dem Englischen übersetzt
3 Tonbandaufzeichnung, a.a.O.
4 Tonbandaufzeichnung, a.a.O.
5 „Archives de Biologie, Bd. 53, S. 537, 1942; Bd. 54, S. 198, 1943; Bd. 56, S. 71, 1945
6 Rita Levi-Montalcini und Pietro Calissano: „The Nerve Growth Factor", in: „Scientific American", Bd. 240, S. 44–53, 1979; übersetzter Nachdruck in: „Spektrum der Wissenschaft", Sonderdruck 1987, S. 54–62
7 Rita Levi-Montalcini: „The Nerve Growth Factor", a.a.O.
8 Rita Levi-Montalcini: „Elogio dell' imperfezione", Rom 1988; in Englisch: „In Praise of Imperfection – my Life and Work", New York 1988
9 Tonbandaufzeichnung, a.a.O.
10 Tonbandaufzeichnung, a.a.O.

Gertrude Elion

1 Vgl. hierzu u.a. Gertrude B. Elion: „The Purine Path to Chemotherapy", in: „Science", Vol. 244, 7 April 1989, S. 41–47 (Nobel Lecture, 8.12.1988); auch: The Nobel Foundation: „Les Prix Nobel. The Nobel Prizes 1988", Stockholm 1989, S. 262–288
2 Vgl. Steve Connor et al.: „Drug Pioneers win Nobel Laureate", in: „New Scientist", 22 October 1988, S. 26 f.
3 Vgl. Connor, a.a.O., S. 26
4 Vgl. hierzu und zum folgenden Katherine Bouton: „The Nobel Pair", in: „New York Times Magazine", 29 January 1989, S. 28 ff.; auch Jean L. Marx: „The 1988 Nobel Prize for Physiology or Medicine", in: „Science", Vol. 242, 28 October 1988, S. 516 f.
5 Vgl. Bouton, a.a.O., S. 81
6 Vgl. Bouton, a.a.O., S. 80
7 Vgl. Marx, a.a.O., S. 516
8 Vgl. Bouton, a.a.O., S. 86
9 Vgl. „Time": „Nobel Prizes. Tales of Patience and Triumph", 31 October 1988, S. 71
10 Vgl. Don Colburn: „Pathway to the Prize. Gertrude Elion, From Unpaid Lab Assistant to Nobel Glory", in: „Washington Post Health", October 25, 1988
11 Vgl. Bouton, a.a.O., S. 28
12 Vgl. Bouton, a.a.O., S. 28

Christiane Nüsslein-Volhard

1 Vgl. hierzu und zum folgenden The Nobel Foundation. „Les Prix Nobel 1995", Stockholm 1996
2 Vgl. Annette Seemann: „Leben mit der Fliege: Christiane Nüsslein-Volhard", In: „Frankfurter Allgemeine Magazin", Heft 884, 7.2.1997, S. 14
3 Christiane Nüsslein-Volhard, Eric Wieschaus: „Mutations Affecting Segment, Number and Polarity in Drosophila", in: „Nature", Nr. 287, S. 795–801
4 Vgl. Seemann, a.a.O., S. 13
5 Vgl. Seemann, a.a.O., S. 14
6 Vgl. Beate Krais (Hrsg.): „Wissenschaftskultur und Geschlechterordnung", Frankfurt am Main 2001
7 Vgl. Renate Nimtz-Köster: „Universitäten: Frech sein, fordern, drängen", in: „Der Spiegel", 2/2001, S. 149
8 Vgl. „Handelsblatt", Nr. 234, 4.12.1997, S. 17

Im Schatten von Nobelpreisträgern

1 Vgl. Zuckerman, a.a.O., S. 205
2 Vgl. Horst Rademacher: „Das Baseball-Spiel wollten sie sich nicht entgehen lassen. Die Nobelpreisträger Michael Bishop und Harold Varmus", In: „Frankfurter Allgemeine Zeitung", Nr. 236, 11.10.1989, S. 9
3 Vgl. Jean-Marc Lévy-Leblond: „Ideology of Contemporary Physics", in: Hilary Rose, Steven Rose: „The Radicalisation of Science", London 1976, S. 149 ff.
4 Vgl. Linda Tucci: „A Man for all Seasons", in: „Washington University Magazine", Spring 1987, S. 12–19

Mileva Marić

1 Vgl. Desanka Trbuhović-Gjurić: „Im Schatten Albert Einsteins. Das tragische Leben der Mileva Einstein-Marić", Bern und Stuttgart 1983 bzw. 1988, S. 7; auch Ulla Fölsing: „Geniale Beziehungen", a.a.O., S. 126 ff.; Albrecht Fölsing: „Albert Einstein. Eine Biographie", Frankfurt am Main 1994
2 Vgl. Norgard Kohlhagen: „Die Mutter der Relativitätstheorie", in: „Emma", Oktober 1983, S. 14–15
ferner Agnes Hüfner: „Rekonstruktion einer Erscheinung. Mileva Marić", in: Thomas Neumann: „Albert Einstein", Berlin 1989, S. 32–37; zuletzt auch „New Scientist": „Was the first Mrs. Einstein a Genius, too?", 3 March 1990, S. 25; Ellen Goodman: „Im Schatten Alberts" in: „Die Zeit", 6. April 1990, Modernes Leben

3 Vgl. Abraham Pais: „Raffiniert ist der Herrgott ... Albert Einstein", Braunschweig, Wiesbaden 1986, S. 44. Die Tatsache, daß Mileva Marić zweimal durchs Examen gefallen ist, wird von den meisten Einstein-Biographen diskret verschwiegen.
4 Das „Lieserl" wurde zu Lebzeiten seiner Eltern und noch lange danach totgeschwiegen. Erst die vor wenigen Jahren veröffentlichten Briefe zwischen Albert Einstein und Mileva Marić (vgl. John Stachel et al. (ed.): „The Collected Papers of Albert Einstein. Vol. I. The Early Years 1879–1902", Princeton 1987, S. 304, 305, 306, 324, 332) decken auf, was in Einstein-Biographien gewöhnlich als dunkles Geheimnis behandelt wird, so z. B. bei Peter Michelmore („Albert Einstein. Genie des Jahrhunderts." Hannover 1968, S. 42): „Sechs Monate später waren Albert und Mileva verheiratet. Freunde hatten bemerkt, daß sich Milevas Haltung verändert hatte, und meinten schon, die Beziehung zu Albert sei zu Ende. Etwas war zwischen den beiden vorgefallen, doch Mileva sagte nur, es sei ‚äußerst persönlich'. Was auch immer es sein mochte, sie brütete darüber, und irgendwie schien Albert daran die Schuld zu tragen."
5 Vgl. Trbuhović-Gjurić, a. a. O., S. 44
6 Vgl. Trbuhović-Gjurić, a. a. O., S. 65 bzw. 69
7 Vgl. Trbuhović-Gjurić, a. a. O., S. 72
8 Vgl. Trbuhović-Gjurić, a. a. O., S. 60
9 Vgl. Trbuhović-Gjurić, a. a. O., S. 71
10 Vgl. Philipp Frank: „Albert Einstein. Sein Leben und seine Zeit", Braunschweig, Wiesbaden 1979, S. 39
11 Vgl. „New Scientist", a. a. O.
12 Vgl. Frank, a. a. O., S. 218
13 Vgl. Frank, a. a. O., S. 39
14 Vgl. Trbuhović-Gjurić, a. a. O., S. 79
15 Vgl. Abraham F. Joffe: „Begegnungen mit Physikern ... Albert Einstein", Basel 1967, S. 88–95
16 Vgl. Christa Jungnickel, Russell McCormmach: „Intellectual Mastery of Nature. Theoretical Physics from Ohm to Einstein. Vol. 2. The Now Mighty Theoretical Physics 1870–1925", Chicago 1986, S. 309
17 Vgl. Stachel, a. a. O., S. 267
18 Vgl. Trbuhović-Gjurić, a. a. O., S. 158, auch S. 7
19 Vgl. Frank, a. a. O., S. 221
20 Vgl. Pais, a. a. O., S. 504

Lise Meitner

1 Vgl. Renate Feyl: „Der lautlose Aufbruch. Frauen in der Wissenschaft ... Lise Meitner (1878–1968)", Darmstadt und Neuwied 1983, S. 162
2 Vgl. Fritz Krafft: „Im Schatten der Sensation. Leben und Wirken von Fritz Straßmann ... Lise Meitner", Weinheim, Basel 1981, S. 165 ff.;

derselbe: „Lise Meitner. Leben und Werk einer Atomphysikerin", Vorwort zum Katalog der gleichnamigen Ausstellung im Lise-Meitner-Gymnasium Böblingen, 23. 3.–3. 4. 1987; derselbe: „Vierzig Jahre Uranspaltung. Historische Betrachtungen zum Forscherteam Hahn-Meitner-Straßmann", in: „Frankfurter Allgemeine Zeitung", 28. 12. 1978, Nr. 288, S. I–II

3 Vgl. Philipp Frank: „Albert Einstein. Sein Leben und seine Zeit", Braunschweig, Wiesbaden 1979, S. 193

4 Vgl. Otto Hahn: „Als Frau hatte sie hier Schwierigkeiten, die ihren männlichen Kollegen unbekannt waren." in: „Lise Meitner – 85 Jahre", in: „Die Naturwissenschaften", Berlin, Göttingen, Heidelberg 1963, Heft 21, S. 653

5 Vgl. hierzu und zum folgenden Otto Robert Frisch: „Lise Meitner", in: „Dictionary of Scientific Biography", Vol. 9, New York 1981, S. 260–263; derselbe: „Woran ich mich erinnere. Physik und Physiker meiner Zeit.", in: „Große Naturforscher", Bd. 43, Stuttgart 1981
Charlotte Kerner: „Lise. Atomphysikerin. Die Lebensgeschichte der Lise Meitner.", Weinheim und Basel 1986
Helga Königsdorf: Respektloser Umgang", Berlin, Weimar 1980
Krafft, a. a. O.
Ruth Lewin Sime: „Lise Meitner. A life in Physics", Berkeley, Los Angeles, London 1996; deutsch: Frankfurt am Main 2001

6 Vgl. Kerner, a. a. O., S. 23

7 Vgl. Arthur Kirchhoff (Hrsg.): „Die akademische Frau. Gutachten hervorragender Universitätsprofessoren, Frauenlehrer und Schriftsteller zur Befähigung der Frau zum wissenschaftlichen Studium und Berufe", Berlin 1897, S. 256 f.

8 Vgl. Lise Meitner, Otto Robert Frisch: „Disintegration of Uranium by Neutrons; a Type of Nuclear Reaction", in: „Nature", 143/1939, S. 239 Zur Entstehung dieses Beitrags vgl. die Beschreibung von Otto Robert Frisch in: „Woran ich mich erinnere", a. a. O., S. 148 ff.

9 Vgl. Krafft: „Vierzig Jahre Uranspaltung", a. a. O., S. II

10 Vgl. Werner Heisenberg: „Gedenkworte für Otto Hahn und Lise Meitner", in: „Gesammelte Werke. Abt. C: Allgemeinverständliche Schriften", Bd. IV, „Biographisches und Kernphysik", München, Zürich 1986, S. 179

11 Vgl. Heisenberg, a. a. O., S. 180

12 Vgl. Kerner, a. a. O., S. 65, S. 93

13 Vgl. Kerner, a. a. O., S. 110

14 Vgl. Kerner, a. a. O., S. 93

15 Vgl. Katalog zur Böblinger Ausstellung, a. a. O.

16 Albert Einstein in einem Brief an Carl Seelig am 16. 7. 52, Wissenschaftshistorische Sammlung der ETH, Zürich

Chien-Shiung Wu

1 Vgl. u.a. S. B. Treiman: „The Weak Interactions", in: „Scientific American", March 1959, S. 80
2 Vgl. Chien-Shiung Wu: „One Researcher's Personal Account", in: „Adventures in Experimental Physics", Gamma Volume, S. 101 ff.
3 Vgl. Wu, a.a.O., S. 104
4 Vgl. Wu, a.a.O., S. 104
5 Vgl. Freeman J. Dyson: „Innovations in Physics", in: „Scientific American", September 1958, S. 80 f.
6 Vgl. Wu, a.a.O., S. 110
7 Vgl. Wu, a.a.O., S. 111
8 Vgl. Wu, a.a.O., S. 117
9 Z.B. der Physik-Nobelpreisträger 1988 Jack Steinberger. Vgl. M. Mitchell Waldrop: „A Nobel Prize for the Two-Neutrino Experiment", in: „Science", 14 November 1988, Vol. 242, S. 670
10 Vgl. Professor Valentine L. Telegdi, Institut für Hochenergiephysik der Eidgenössischen Technischen Hochschule Zürich, in einem Schreiben vom 6. 12. 1989 an die Verfasserin
11 Vgl. Telegdi, a.a.O.

Rosalind Franklin

1 Vgl. James Watson: „The Double-Helix", London 1968; deutsch: „Die Doppel-Helix. Ein persönlicher Bericht über die Entdeckung der DNS-Struktur." Mit einer Einführung von Prof. Dr. Heinz Haber, Reinbek bei Hamburg 1969; inzwischen liegt eine neue, kritische Ausgabe des englischen Textes vor: „The Double-Helix. Edition, including Text, Commentary, Reviews, Original Papers", ed. by Gunther S. Stent, London 1981; ferner eine weitere Ausgabe bei Rowohlt: „Die Doppelhelix". Mit einer Einführung von Albrecht Fölsing, rororo science, Reinbek 1997
2 Vgl. Watson, Reinbek 1969, S. 28
Watson, der in seinem Buch immer wieder darauf hinweist, daß er nur seine ureigenen, sehr persönlichen Eindrücke aus der Geschichte der Entdeckung der DNS erzählt, schreibt an anderer Stelle durchaus Freundliches und Verständnisvolles über Rosalind Franklin: „Mit sichtlichem Vergnügen zeigte Rosy Francis ihre Unterlagen, und zum ersten Mal begriff er, wie klar ihr Beweis war, daß sich das Zucker-Phosphat-Skelett an der Außenseite des Moleküls befand. Ihre früheren, kompromißlosen Behauptungen in dieser Hinsicht waren durchaus nicht Ergüsse einer irregeleiteten Frauenrechtlerin, sondern spiegelten erstklassige wissenschaftliche Leistung wider ... Es wurde uns auch klar, daß Rosys Schwierigkeiten mit Maurice und Randall auf ihrem sehr verständlichen Bedürfnis beruhten, von den Leuten, mit denen sie

arbeitete, als ebenbürtig angesehen zu werden. Schon in ihrer ersten Zeit im King's hatte sie sich gegen den hierarchischen Charakter des Laboratoriums aufgelehnt und Anstoß daran genommen, daß ihre außerordentlichen Fähigkeiten auf dem Gebiet der Kristallographie nicht offiziell anerkannt wurden." Vgl. Watson, Reinbek 1969, S. 165. Watson hat sich im übrigen in einem Nachwort zur „Double-Helix" für seine stellenweise wenig chevalereske Darstellung von Rosalind Franklin entschuldigt. Er bezeichnete dort seine im Buch wiedergegebenen Eindrücke von ihr als „weitgehend falsch". Vgl. Watson, Reinbek 1969, S. 174 f.

3 Anne Sayre: „Rosalind Franklin and DNA", New York 1975
4 Vgl. dazu Jeremy Bernstein: „Erlebte Wissenschaft. Berühmten Forschern über die Schulter geschaut ... Streit und Leid: Rosalind Franklin und ‚Die Doppel-Helix'", Wien, Düsseldorf 1982, S. 164 f.
5 James Crick: „What a Mad Pursuit. A Personal View of Scientific Discovery", New York 1988; deutsch: „Ein irres Unternehmen. Die Doppel-Helix und das Abenteuer Molekularbiologie", München 1990
6 Vgl. Sayre, a. a. O., S. 189 ff.
7 Vgl. Crick, München 1990, S. 100
8 Vgl. hierzu und zum folgenden Bernstein, a. a. O., S. 167 ff.; Robert Olby: „Rosalind Franklin", in: „Dictionnary of Scientific Biography", Vol. 5, New York 1981, S. 139–142; auch Sayre, a. a. O.
9 Vgl. Sayre, a. a. O., S. 26
10 Vgl. Sayre, a. a. O., S. 56
11 Vgl. Sayre, a. a. O., S. 105
12 Vgl. Sayre, a. a. O., S. 105
13 Vgl. Sayre, a. a. O., S. 53
14 Vgl. Sayre, a. a. O., S. 70
15 Vgl. Sayre, a. a. O., S. 84
16 Vgl. Bernstein, a. a. O., S. 171 f.
17 Vgl. Bernstein, a. a. O., S. 174 f.; Olby, New York 1981, S. 140
18 Vgl. Bernstein, a. a. O., S. 176
19 Vgl. Bernstein, a. a. O., S. 176
20 Vgl. Olby, New York 1981, S. 140
21 Vgl. Crick, München 1990, S. 97
22 Einen Anspruch auf Priorität enthielt dort lediglich der Satz: „Es ist uns nicht entgangen, daß die spezifische Paarung, die wir postuliert haben, unmittelbar einen möglichen Kopiermechanismus für das genetische Material nahelegt." Vgl. Crick, München 1990, S. 33
23 Vgl. Crick, München 1990, S. 95
24 Vgl. Crick, München 1990, S. 99
25 Vgl. Crick, München 1990, S. 100
26 Vgl. Sayre, a. a. O., S. 214; auch Aaron Klug: „Rosalind Franklin and the Discovery of the Structure of the DNA", in: „Nature", 24. 8. 1968, S. 808–810

27 „Franklins Verhältnis zu Wilkins war nicht zuletzt deswegen problematisch, weil sie den Verdacht hatte, er wolle sie in Wirklichkeit lieber als Assistentin denn als unabhängige Forscherin." Vgl. Crick, München 1990, S. 37
28 Vgl. Bernstein, a. a. O., S. 174
29 Cricks und Watsons erster Beitrag vom 25. 4. 1953 in „Nature" trägt am Schluß eine Dankesadresse: „Anregung gab uns auch summarischer Einblick in die unveröffentlichten Versuchsergebnisse und Ideen von Dr. M. F. Wilkins und Dr. R. E. Franklin und ihrer Mitarbeiter am King's College in London."
30 Vgl. Sayre, a. a. O., S. 189, S. 192
31 Vgl. Bernstein, a. a. O., S. 182
32 Dazu Crick: „Es war gelegentlich die Rede davon, Rosalind habe unter zweierlei zu leiden gehabt, daß sie nämlich Wissenschaftlerin und daß sie eine Frau war. Zweifellos gab es einige irritierende Einschränkungen – sie durfte in keinem der für Männer reservierten Räume der Fakultät Kaffee trinken –, aber diese waren eher nebensächlicher Natur, zumindest schien mir das damals so. So weit ich sehen konnte, behandelten ihre Kollegen männliche und weibliche Wissenschaftler gleich." Vgl. Crick, München 1990, S. 37
33 Vgl. auch John D. Bernal: „The Lodestone 55", No. 3, Birckbeck College 1965, S. 41

Jocelyn Bell Burnell

1 „New Scientist", 31. 10. 1974, S. 345: „The Woman behind the Pulsars"
2 Vgl. „London Times", 8. 4. 1975
3 Vgl. „London Times", a. a. O.
4 Vgl. Nicholas Wade: „Discovery of Pulsars: A Graduate Student's Story", in: „Science", Vol 189, 1. 8. 1975, S. 358
5 Vgl. „London Times", 11. 4. 1975
6 Vgl. Wade, a. a. O., S. 362
7 Vgl. Wade, a. a. O., S. 363
8 Horace Freeland Judson: „Fahrplan für die Zukunft. Die Wissenschaft auf der Suche nach Lösungen. Ein Gespräch mit Jocelyn Bell Burnell", München 1981, S. 98
9 Vgl. Judson, a. a. O., S. 99
10 Vgl. S. Jocelyn Bell Burnell: „The Discovery of Pulsars", in: „Serendipities. Discoveries in Radioastronomy", NRHO Workshop, K. I. Kellermann, S. B. Sheets, Greenbank 1983, S. 160–170, speziell S. 161
11 Vgl. S. Jocelyn Bell Burnell: „Petit Four", in: „Annals of the New York Academy of Sciences", Vol. 302, 1977, S. 685: „Mein Doktorvater las freundlicherweise einen Entwurf meiner Doktorarbeit und warnte mich, daß sie sich mehr wie eine Tischrede als wie eine Dissertation der Universität Cambridge las."

12 Vgl. A. Hewish, S. J. Bell, J. D. H. Pilkington, P. F. Scott, R. A. Collins: „Observation of a Rapidly Pulsating Radio Source", in: „Nature", Vol. 217, 24. 2. 1968
13 Bell Burnell: „The Discovery of Pulsars", a. a. O., S. 169–170
14 Siehe 13
15 Vgl. „New Scientist", a. a. O.
16 Vgl. Bell Burnell: „Petit Four", a. a. O., S. 688
17 Vgl. S. J. Bell Burnell: „Female Scientists – Feat or Freak?" in: WISE '84, Februar 1985, edited by Stella Butler, Greater Manchester Museum of Science and Industry Trust, S. 1
18 Vgl. A. Hewish: „Pulsars and High Density Physics", in „Science", Vol. 188, 13. 6. 1975, S. 1083
19 Vgl. Hewish: „Pulsars ...", a. a. O.
20 Vgl. Wade, a. a. O., S. 364
21 Vgl. Pressestelle der Open University/M. K. Marsh Weatherall: „The woman who discovered pulsars: An Interview with Jocelyn Bell Burnell", 10/26/95, S. 4
22 Vgl. Bell Burnell: „Petit Four", a. a. O., S. 688; auch in einem persönlichen Schreiben an die Verfasserin vom 13. 11. 1989

Hürden auf dem Weg nach Stockholm

1 Vgl. Zuckerman, a. a. O., S. 192 f.
2 Vgl. Stone, a. a. O., S. 8
3 Vgl. Stone, a. a. O., S. 9
4 Vgl. Zuckerman, a. a. O., S. 100 ff.
5 Vgl. Zuckerman, a. a. O., S. 106
6 Vgl. Zuckerman, a. a. O., S. 129

Nobelpreisträgerin – ein bestimmter Typus Frau?

1 Vgl. Marie Curie: „Pierre Curie", Wien 1950, S. 72
2 Vgl. Carl Cori, a. a. O., S. 18
3 Vgl. Marie Curie, a. a. O., S. 55
4 Vgl. Eve Curie: „Madame Curie", Frankfurt am Main 1952, S. 277
5 Vgl. Maria Göppert-Mayer: „The Changing Status of Women", a. a. O., S. 4
6 Vgl. Jeremy Cherfas et al., a. a. O., S. 79
7 Vgl. Jocelyn Bell Burnell: „Petit Four", a. a. O., S. 688
8 Vgl. Horace Freeland Judson, a. a. O., S. 14
9 Vgl. Stone, a. a. O., S. 4
10 Vgl. Fox, a. a. O., S. 34
11 Vgl. Easlea, a. a. O., S. 65
12 Vgl. Easlea, a. a. O., S. 80
13 Vgl. Reid, a. a. O., S. 118

14 Vgl. Easlea, a. a. O., S. 89
15 Vgl. Cori, a. a. O., S. 17

Wer ist die Nächste?

1 Vgl. Solomon W. Golomb: „Cryptographic Reflections on the Genetic Code", in: „Cryptologia", Vol. 4, Number 1, January 1980, Albion, Michigan, S. 19

Literaturhinweise

Sharon Bertsch McGrayne: „Nobel Prize Women in Science. Their Lives, Struggles and Momentous Discoveries." New York, Toronto 1993
Bibliographisches Institut & F. A. Brockhaus AG (Hrsg.): „100 Jahre Nobelpreise", Mannheim 2001
„Dictionary of Scientific Biography", Vol. 1–8, New York 1981
Brian Easlea: „Väter der Vernichtung. Männlichkeit, Naturwissenschaftler und der nukleare Rüstungswettlauf", Reinbek bei Hamburg 1986
Karin Hausen und Helga Nowotny (Hrsg.): „Wie männlich ist die Wissenschaft?", Frankfurt am Main 1986
Charlotte Kerner (Hrsg.): „Nicht nur Madame Curie ... Frauen, die den Nobelpreis bekamen", Weinheim, Basel 1990
The Nobel Foundation: „The Nobel Prize Lectures" sowie „Les Prix Nobel. The Nobel Prizes", Amsterdam, Stockholm ab 1901 (jährlich)
Olga S. Opfel: „The Lady Laureates. Women who have won the Nobel Prize", N. J., London 1978
Londa Schiebinger: „Frauen forschen anders. Wie weiblich ist die Wissenschaft?", München 2000
Fritz Vögtle: „Alfred Nobel", Reinbek bei Hamburg 1983
Harriet Zuckerman: „Scientific Elite. Nobel Laureates in the United States", New York 1977
Harriet Zuckerman, Jonathan R. Cole and John T. Bruer: „The outer Circle. Women in the Scientific Community." New Haven, London 1993

Einzelbiographische Angaben über die betreffenden Wissenschaftlerinnen finden Sie in den jeweiligen Kapiteln.

Bildnachweis

S. 28, 58, 128 The Nobel Foundation, Stockholm; S. 44, 64, 74, 86, 100 Bildarchiv Süddeutscher Verlag, München; S. 117, Foto Rita Levi-Montalcini; S. 139, Schweizerische Landesbibliothek, Bern; S. 144, mit freundlicher Erlaubnis von Mrs. Ulla Frisch und The Master, Fellows and Scholars of Churchill College in the University of Cambridge; S. 154, Foto Chien-Shiung-Wu; S. 162, Jennifer Glynn, Cambridge; S. 172, Playback-Associates.

Frau und Gesellschaft bei C. H. Beck

Ulla Fölsing
Geniale Beziehungen
Berühmte Paare in der Wissenschaft
1999. 180 Seiten mit 17 Abbildungen. Paperback
Beck'sche Reihe Band 1300

Cathrin Kahlweit (Hrsg.)
Jahrhundertfrauen
Ikonen – Idole – Mythen
2. Auflage. 2001. 331 Seiten. Paperback
Beck'sche Reihe Band 1301

Barbara Hahn (Hrsg.)
Frauen in den Kulturwissenschaften
Von Lou-Andreas Salome bis Hannah Arendt
1994. 364 Seiten mit 15 Abbildungen. Paperback
Beck'sche Reihe Band 1043

Claudia Honegger / Theresa Wobbe
Frauen in der Soziologie
Neun Porträts
1998. 389 Seiten mit 7 Abbildungen. Paperback
Beck'sche Reihe Band 1198

Rotraud A. Perner
Die Tao-Frau
Der weibliche Weg zur Karriere
2. Auflage. 1998. 240 Seiten. Paperback
Beck'sche Reihe Band 1221

Rainer Moritz
Das FrauenMännerUnterscheidungsBuch
1999. 147 Seiten. Paperback
Beck'sche Reihe Band 1314

Verlag C. H. Beck München

Frau und Gesellschaft bei C.H. Beck

Julia Onken
Wenn du mich wirklich liebst
Die häufigsten Beziehungsfallen und wie wir sie vermeiden
50. Tausend. 2001. 212 Seiten. Paperback
Beck'sche Reihe Band 1415

Julia Onken
Vatermänner
Ein Bericht über die Vater-Tochter-Beziehung
und ihren Einfluß auf die Partnerschaft
125. Tausend. 2000. 205 Seiten. Paperback
Beck'sche Reihe Band 1037

Julia Onken
Geliehenes Glück
Ein Bericht aus dem Liebesalltag
142. Tausend. 2. Auflage. 2001. 222 Seiten. Paperback
Beck'sche Reihe Band 455

Julia Onken
Feuerzeichenfrau
Ein Bericht über die Wechseljahre
257. Tausend. 2001. 207 Seiten. Paperback
Beck'sche Reihe Band 352

Heinrich Schipperges
Hildegard von Bingen
4. Auflage. 2001. 123 Seiten mit 4 Abbildungen. Paperback
Beck'sche Reihe Band 2008
C.H. Beck Wissen

Verena Mühlstein
Helene Schweitzer Bresslau
Ein Leben für Lambarene
2001. 298 Seiten mit 18 Abbildungen. Paperback
Beck'sche Reihe Band 1387

Verlag C.H. Beck München